作者／地理角團隊
主編／洪伯邑

尋找台灣味

東南亞x台灣　兩地農業記事

目錄

目錄

PART I

東南亞的台灣DNA
技術跨界

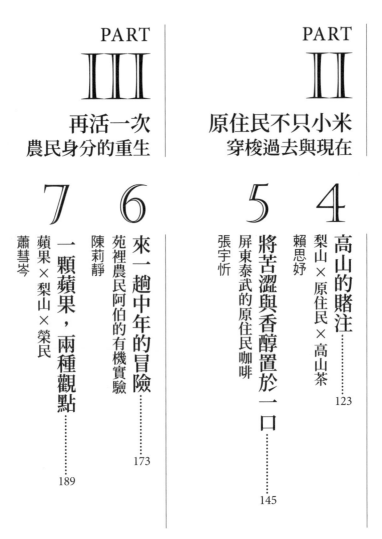

PART IV
燕子螞蟻，你滿意嗎？動物來協作

地理角團隊

官方名稱是台灣大學地理環境資源學系408室，是個以地理視角發想的研究空間。從二〇一三年成立至今，角主和眾角徒們致力於自然與社會關係的地理學研究與課程，尤其關注食物、農業、以及台灣─東南亞─西南中國之間的跨國議題，近年也逐漸拓展到國內的能源轉型與基礎設施研究等其他守備範圍，但地理視角的堅持不變！

主編｜洪伯邑

地理角角主，台大地理環境資源學系副教授。大學念文學、碩士唸環工、出國後又多了一個森林與環境的碩士，然後陰錯陽差成為地理學家。以食物和農業作為觀看視角，探看自然與社會、邊界與領域、地方與地景的關聯，特別是在台灣、中國與東南亞等地。

作者群（按照篇章順序）

練聿修

畢業角友、現任助理，大學至今在地理系館已經待了將近十年。銅板美食、啤酒、地圖、與各路職業運動的愛好者。長年以研究室為家，曾創下連續數年大年初一就進研究室工作的紀錄。

雲冠仁

個性隨和大方，是校園飲料店的VIP，因為愛珍奶而開啟研究之路。在北越的田野中，被受訪者稱做小胖。曾為了與研究對象搏感情，忍痛放下手搖杯改拿酒杯。

趙于萱

熱愛到泰國做研究，在當地每天中暑也樂此不疲，幸運獲得中華飲食文化基金會獎助。現任教高中地理科，教到非洲時會做烤焦的巧克力，教到中南美洲時會做沒有龍舌蘭酒的龍舌蘭調酒。

賴思妤

關注教育、環境與人文議題。因家族務農的關係而投入高山農業研究，出田野時大多睡工寮，也曾在山路騎沙灘車被三隻大狗追。熱愛慢跑，偶爾在樹下做瑜珈。

張宇忻

和朋友們經營「灶腳工作室」，嘗試以各種行動方案，參與食農的生產。先後擔任地理所、城鄉所的研究助理。目前參與關注於紅藜產業的發展。

陳莉靜

現職國中地理教師，希望學生了解社會科就是真實世界的故事，樂於將課本內容以淺顯易懂又有趣的方式呈現。

蕭彗岑

關心農業、糧食、文學，以及文化保存議題。現就職於中央研究院台灣史研究所，負責農村調查小組的田野訪問工作與口述歷史撰寫。

郭育安

以檳城為田野展開超過兩年的探索，即使預定的旅館無預警歇業、發生火警，都能處變不驚。曾獲台灣東南亞論文獎第一名。目前在專任、兼任助理與寫作苦手之間交替斜槓。

陳思安

現任「故事：寫給所有人的歷史」企劃編輯，人生目標是環遊世界，所以假借研究之名，跑到寮國認識了一群可愛的朋友。

推薦序
如風的地理學

洪廣冀——台大地理系助理教授

《尋找台灣味》的作者「地理角團隊」是我的鄰居，編者洪伯邑教授是我的同事與好友，我也目睹本書文章從成形到誕生的旅程。或許是因為沒有保持適當的社會距離，當左岸的主編問我能否為該書寫個推薦序，我雖是滿口答應，卻不時陷入徬徨，不知道該如何著手。幾經思量，我還是從我擅長的地理學取向開始：把知識擺回它所處的地方。如果說伯邑跟他的團隊是在尋找台灣味，那麼，這篇推薦序的目的是要尋找《尋找台灣味》。首先，我想跟各位介紹的，是這本書的誕生地，也就是台大地理系的408研究室。

✦ ✦ ✦

408研究室位於地理系館四樓，出了電梯左邊第一間。門上貼著大紅窗簾，橫批寫著「地理角」。你打開門，先看到助理的桌子，以及一張大桌，研究生多在此工作。你往右邊看，會看到個遊憩區，擺著懶骨頭與沙發。伯邑的工作空間位於研究室內層，與研究生的空間隔了道牆。通往伯邑工作空間的門通常是敞開的；你可以走進去，跟他聊聊田野裡發生什麼事；若你的故事精彩，他說不定會請你喝杯茶。值得一提的，如當代地理學者一再強調的，在思考如408研究室這樣一個場域時，我們得想想，該場域會不會是某種環環相連到天邊之基礎設施的節點。確實如此！在408研究室的天花板上，藏著眾多管線，整個四樓之空調製造的水分，都會先匯聚在這些管線，再排到外頭去。我還清楚記得，某年夏天，或許是因為管線堵塞，或許因為空調動得特別厲害，匯聚的水分竟然讓408的天花板坍塌。遇到這種「天災」，伯邑的態度彷彿是望著農田一角被洪水沖走的耆老。他聳聳肩，評論道，「風生水起，遇水則發」。

當我開始思考408研究室的「風水」時，我便對《尋找台灣味》有個比較明確的定位。我認為，該書收錄的文章代表著「風一般的地理學」。為何這麼說？想想中文語境，「味」往往是跟「風」一道出現的；伯邑已在〈導論〉中清楚說明地理學視野下的「味」，我就從善如流，來談談「風」。我想強調的，風跟味的出雙入對，箇中理由恐怕不只是某在地風土孕育之食材的好味道而已；「風味」一詞涉及一種地理觀，一種在地理學高度專業化後會被摒棄、卻又被當代地理學者重新發現與闡釋的地理觀。

✦ ✦ ✦

關於「風味」一詞的特殊性，只要想想英文中「taste」的意義即可明白。依據語源學辭典，在十四世紀初期，當「taste」一詞開始出現，其意為法文的「tast」或「tât」，即「觸摸感」(sense of touch)。至十七世紀，人們開始認為，「taste」允為五感中最為敏銳者，是以在討論人們對文學與藝術的判斷力時，也開始以「taste」指涉之，相當於中文的「品味」。但不論是觸摸感抑或品味，其背後的預設是類似的，即心靈運用身體來感知世界，形成判斷；身體之於世界，彷彿是一臺酸鹼測定儀之於一瓶溶液。

「風味」則蘊涵另種看待身體與世界的方法。我們也不用想得太複雜，這方法即是所謂的「風水」，或說我們日常生活中比較會接觸到的「地理」。在這個風生水起的地理觀中，風與水一方面代表著時間與空間上的次序與秩序，另方面也隱含與次序與秩序共生共存的隨機與失序。那麼，在此地理觀中隨風飄蕩或載浮載沉的人又是怎樣的存在？一個可能的答案是，人是一具覆蓋著八萬四千個毛孔的皮囊，裹著善感、易變與戲劇化的小宇宙。這個充滿孔隙的皮囊，雖有可能讓風長驅直入，讓小宇宙波濤洶湧，釀成風邪；風也有可能輕拂其表面，讓八萬四千個毛孔和鳴，讓小宇宙與大宇宙同步。一旦將此地理觀考慮在內，我們對於「風味」一詞當有更深的體悟。所謂的風味，指涉的不是什麼在地食材蘊含的好滋味；因為，構成在地食材的，必然包含像風這樣兼具次序、秩序與失序的驅動力；同樣地，如同酸鹼測定儀、足以判斷滋味之優劣的身體也不存在；因為，構成身體的，也必然包括如風這樣亦正亦邪的存在。

如風的地理學是常民的地理學，也是目前學院中努力闡發的地理學。曾有很長一段時間，地理學拙於處理如風這樣流動與靈動之物。特別在十九世紀末至二十世紀初，即地理學者往往是帝國的哨兵與後備軍時，地理學關切的往往是分類與劃界，將原本流動與糾結的空間現象轉為可以一一錨定座標的點線面。當代地理學則不然。特別受到後結構主義與關係轉向的影響，地理學者討論移動、遷徙、情感與氛圍；在處理人地關係的老議題時，地理學者也有相當不同——但可能與日常生活更為貼近——的身體觀。法國著名哲學家布魯諾・拉圖（Bruno Latour）曾如此表示：「擁有一個身體就是學習如何被感動（to have a body is to learn to be affected）。」如風的地理學不僅是在研究室中處理空間資訊；也不是走到研究室外，以身為度、客觀地做田野；如風的地理學是「emotional」的，且如emotional的原意所示，是跨越界線，包含把人事物都激化與活化起來的知識與實作。地理學者是emotional的，但不會忘記傾聽；是motional的，但也記得駐足。

✦ ✦ ✦

在寫下前述段落的前幾天，我參加了台大地理系的高中生推甄。我估計今年大約有百分之五的申請者曾收到媽媽送的地球儀，百分之十的申請者曾被高中老師帶領著觀賞《看見台灣》，百分之二十的申請者有被父母親帶著四處旅行，百分之五十的申請者的房間裡掛著世界地圖，百分之七十的申請者認為自己熱愛自然，酷愛冒險與戶外活動。我明白，有相當數量的申請者會順利進到地理系，成為地理學未來生力軍；他們也會體會到，大學地理與高中地理相當不同，而其中有不少同學會沮喪，甚至抱怨老師為什麼沒早點說。在看過不少從熱切期待到喪志的年輕臉孔後，我樂見伯邑跟地理角團隊的新書出版。說不定在下回的高中生推甄，百分之百的申請者會說，來申請地理系，是因為讀了《尋找台灣味》。

推薦序

因為什麼都沒有，所以什麼都做得到！

涂豐恩──《故事》創辦人

多年前，一次和朋友的自助旅行，我們從歐洲回來，在吉隆坡等待轉機返台。在機場時，碰到幾位台灣大叔，他們開口向我們求救。他們幾個人是到印度經商的商務旅人，但航班碰到了一些問題，什麼原因已經記不得了，但總之幾個人完全不通英文，只好到處尋求協助，正好聽到了我們彼此閒談間傳出的一口台灣腔。

在那些旅程中，這個看似不甚重要的小插曲，竟成為我印象極為深刻的一個片段。當時幾位旅伴其實英文也不甚好，不過勉勉強強還是能拼湊一些句子溝通，但彼時還年輕、出國經驗不足的我們，在國外要問路、點餐，一開口仍不免戰戰兢兢。可眼前這幾位大叔，連簡單的溝通都成問題，竟然就出國做生意了。

我心裡不禁有些稱奇：這不就是我們常在報章雜誌上讀到那種，在台灣經濟奇蹟年代，拎著一只皮箱接訂單、勇敢無畏闖天下的台商嗎？過去這些形容聽來只是真假難辨的傳奇，但在那次巧遇後，形象突然變得鮮明而具體。

當然，在那短暫的時間裡，我們並沒有去深究他們的故事。也許這幾位大叔所經歷的，比我想像的更要精彩離奇，但也可能，非常可能，只是我摻入太多的想像揣測、浪漫投射。

我在閱讀《尋找台灣味》過程中，這個故事又浮上心頭。當年我沒能來得及問清楚幾位大叔的經歷，但這本書中紀錄的九個故事，透過九位研究生扎扎實實的田野採訪，清楚地讓我們看見了那些勇闖天下，勇敢冒險的台灣商人身影。他們到越南種茶、賣珍奶，或到泰國種植水耕蔬菜，到馬來西亞養燕窩，或將寮國咖啡引進台灣；有些人則留在故鄉，種茶種咖啡，或是有機蔬果與農業。

但不管什麼選擇，不管遭遇什麼挑戰挫折，為了生存，他們總是可以一而再再而三地嘗試，然後開闢出一條新的道路。有位受訪者謙虛地說說：「我是憨膽啦，成敗是另外一回事。」我倒是想接上近來風行的廣告詞：「因為什麼都沒有，所以什麼都做得到！」

但這本書要呈現的可不只是我們常在媒體上見到的那種勵志故事而已。受過人文社會科學訓練的幾位作者，藉由不同主角們的經歷，一步一步帶我們進入各種錯綜複雜的產業鏈中，認識其中所涉及的各種獨特技術。比如，為了製造燕窩，印尼與馬來西亞的養燕人會錄下燕子的叫聲，再播放出來吸引牠們的同類到燕屋棲息，「以聲尋燕」，久而久之，養燕人也會開始逐漸分辨這種燕子叫聲的差異。過去的人沒吃過豬肉，也看過豬走路；而今我們人人都喝咖啡與珍珠奶茶了，也該知道這些日常商品如何遠渡重洋，到異地生根，或是飄洋過海回到台灣。

但在人物與產業的實證考察之外，《尋找台灣味》還有更深一層的理論關懷，那就是書名所顯示著：到底什麼是台灣味？但預期作者群給了什麼清晰明瞭的答案，不如說是提出了一系列在田野過程中不斷浮現的疑惑：有些人口中充滿「蟑螂屎」味的越南烏龍茶，當真與台茶有本質上的不同嗎？如果咖啡可以混合，那麼「拼配」的茶葉卻會產生爭議？從生產到銷售都在泰國進行的水耕蔬菜，還能代表台灣嗎？

這種種議題，在我們這個什麼都被快速扁平化簡單化二元化、而意見領袖們率領著群眾輕易貼上正邪標籤然後亢奮地喧囂地喊打喊殺的社群網路時代，有時候光是提出來，恐怕就要引火上身，一不小心就被眾聲喧嘩踩得粉碎。但有調查研究才有發言權，當我們的作者們提出那些看似不那麼政治正確的問題時，他們既不是無的放矢，也不是要刻意為誰辯護平反，而是用他們寶貴的研究，為我們撐出一片思考的空間，然後提醒我們：也許事情，沒那麼簡單？

這就帶到了我想講的最後一點。

這本書的主編洪伯邑教授在〈導論〉中提到，「邊界是鞏固的力量，讓台灣味有明確定義的範圍；在這個傾向絕對性的的範圍裡，讓我們安心且精確地指出什麼才屬於台灣味，什麼不是，無論這個範圍是國與國之間的、不同族群的、農作理念的、人和動物的等等。」

當邊界越是鞏固，跨界就越成了冒險。而冒險是需要勇氣的。這股勇氣不只體現在那些跨越國境、產業與技術邊界的台灣商人身上；這股勇氣也屬於我們九位年輕的寫作者，他們為了解答知識的疑惑，毅然決然踏上旅程，到陌生的異地甚至異國。然後他們又跨越了學科與文類的邊界：這些所見所聞，原可以只留在那乾燥乏味、孤單寂寞的畢業論文中，那顯然是更為輕鬆，而且更為保險安全的做法，但他們卻選擇了投入精力，改寫成可讀性高的故事，分享給更廣大的讀者群。這樣的做法可能引發學界內部的側目或質疑，也意味著自己作品要面對同行之外更多雙檢視與批評的眼睛，因此是需要勇氣的。

但如果不是他們，又能是誰呢？

本書作者文筆或許有時生澀，作品卻絕對生猛。身為喜愛非虛構寫作的讀者，我希望向他們致敬，期待能看到更多這樣跨越邊界的新一代研究者出現。

推薦序

地球探險隊

張正──「燦爛時光」東南亞主題書店負責人、中央廣播電台總台長

地球探險隊台灣小組的夥伴去台北市區餐廳吃飯，妝容俐落的店家經理親切有禮地問我們是不是台灣人。

哪有人醬子問的呀？難道我長得太像韓國偶像玄彬，就不能來吃嗎？如果是個昨天才剛剛歸化為中華民國國籍但是還來不及整容的客人，能來吃嗎？如果原本是土生土長台灣人，但是染了金髮隆了高鼻戴了藍色隱形眼鏡，能來吃嗎？

當然是因為瘟疫肆虐，無能思辨，所以店家顧不得「台灣最美的風景」，採取了一刀切的國族劃界：非本國籍貴賓恕暫不提供服務。

按捺著心中的錯愕，體諒店家的不得已與我們自己的巴豆妖，探險隊的夥伴們交換了眼神，回答：「我們是台灣人。」然後接受店家行禮如儀不帶惡意（甚至略帶

歉意）的體溫檢測。

騙他的。我們其實是外星人，隸屬於地球探險隊台灣小組。不過在抵達台灣之前，我們已經依據地球人的分類，將自己徹頭徹尾偽裝成所謂的台灣人。店家經理這類未受過專業訓練的普通地球人，當然無法辨識。

✦ ✦ ✦

話說，當初為了變身為台灣人，咱地球探險隊台灣小組著實費了一番功夫。

究竟什麼是台灣味？頗傷腦筋。台灣有十幾個原住民族，各有各的味。數百年來不同時期從對岸來的人，更是南腔北調。如果再算上從地球另一端遠道而來留下足跡的歐洲人、占領台灣五十年的日本人、將「台灣」納入國內法律規範的美國老大哥，以及近三十年來百萬規模的東南亞移民移工，台灣的味呀，太雜太雜了！

就是在那時候連絡上洪伯邑老師的。當時他正在以「尋找台灣味」作為研究核心，動員「地理角」的同學們上山下海分赴各地研究訪調。我們跟隨著同學們的腳步，比較了台灣的茶和越南的茶，啜飲了台灣的咖啡和寮國的咖啡，品嚐了台灣的燕窩和馬來西亞的燕窩，還吃了不少水耕蔬菜、有機蘋果，這也才讓地球探險隊台灣小組除了模擬台灣人的身高髮色、說話口音、社交距離等等外顯特色之外，更像一個台灣人，終於完成這一趟探險。

地球探險隊的各個小組回到基地之後，帶著地球各地的土產開了一場吃吃喝喝分享會。邊吃邊聽各組簡報，的確見識到不少奇風異俗，沒想到在宇宙尺度下宛如砂礫般的這麼一顆小小的地球上，竟然孕育出如此紛雜的種族與文化。

✦✦✦

不過說到底，對於我們這些你們地球人不理解的外星人來說，地球各地的人們，並沒有多麼不一樣。

地球人都不會飛，都必須吃喝拉撒睡，都躲不過病毒的攻擊，都在大難臨頭時明哲保身，心裡都有跨不過去的坎兒。尤其是心裡那道坎兒，就算能夠移動光年的距離，也未必跨得過。我們外星人也一樣。

放心，地球探險隊不是來占領地球的，只是希望了解一下不同的文化，體會一下不同的味道。就如同這本《尋找台灣味》，並不是要將「台灣味」限定在不可變動的框架裡，而是一次對於理論、對於形式、對於定義的勇敢挑戰。

世界很大，百味雜陳，在試著了解他人之後，藉由比較，將會更加了解自己。
而了解了他人之後的自己，也將成為不同的自己，通常是更好的自己。

推薦序

跨國的台灣味ING

蔡佳珊｜上下游新聞記者

此波瘟疫蔓延時，台灣小島上卻高漲著前所未有的國族認同與自信，「口罩國家隊」的迅速成立和政府鋪下的防疫天網，突然變成了「台灣之光」，讓台灣人在這場全球風暴中有如位於颱風眼的偏安位置，在重重擔憂裡湧現莫名的榮譽感。

在此之前，台灣人的自信來源有很大部分是源於我們的食物：珍珠奶茶風靡多國紅透中西，芒果冰樹立起水果王國的威信，毛豆出口每年賺進數十億綠金，而街頭廟口琳瑯滿目的小吃，更是「台灣最美的風景是人」之味覺見證。

然而，什麼才是正港的「台灣味」？卻很難一言以蔽之。就說芒果吧，這金黃甜蜜無人能抵擋的美味果子，是十七世紀荷蘭人從爪哇引進的，就是我們今天吃的「土芒果」。而現下大家吃最多的「愛文芒果」，則是一九五四年從美國佛羅里達引進的品種，把枝條嫁接在土芒果樹頭上長出來的。

換句話說，土芒果其實一點都不「土」，它是外國人從另一個外國帶來的，而愛文芒果更是個東西混血兒，是靠台灣農民勤勉照顧，才出落成水果界耀眼的台灣之光。最後造就的燦黃爆漿銷魂滋味，在台灣之外的任何地方都無法複製，又確是道道地地的「台灣味」無誤。

綜觀台灣農業，類似的例子俯拾皆是，就連最具本土意象的番薯，原產地可是遠在中南美洲，四百多年前在台灣落地生根，嚴格來說根本是船來品。而常被用來影射外省人的芋頭，才是土生土長的台灣原生種。於是乎我們發現了一件有趣的事，從歷史回溯台灣味的構成，是一頁頁人馬雜沓、兼容並蓄的拓荒交流史篇，所謂的台灣味，從來是變動不居的。

在現今瞬息萬變的全球化年代，台灣味的激盪與流動無疑更加複雜快速，而本書《尋找台灣味——東南亞×台灣兩地的農業記事》，正是為跨國的「台灣味 ing」留下最難能可貴的即時田野紀錄。

珍珠奶茶是台灣味，而且席捲世界，沒錯吧？但仔細一想，這珍珠是台灣的？茶葉是台灣的？兩者皆非。姑且不論珍珠的主原料樹薯澱粉幾乎全從東南亞進口，茶的故事才是精彩，本書中有兩位作者深入越南茶區，看見已經在那裡奮鬥好幾十年的台灣人在當地種茶的真實樣貌與心聲，從而提出「台灣人在越南種的茶算不算台灣味？」「台灣人用台灣技術，以越南茶加台灣茶做出的珍珠奶茶，算不算台灣味？」這般擲地有聲的叩問。

而另一方面，當國際性的口味落腳台灣，就算它和這塊土地原本全無關聯，但被當地族群種植個幾十年後，情感與生計的依賴再也斬不斷，算不算台灣味？

譬如象徵中產階級優雅文化的咖啡，打從日治時期在台灣的偏鄉部落生根，竟因為一場莫拉克風災，成為了深繫著原住民鄉愁的「家鄉之味」。被遷移到山下的部落族人，終日思思念念高山上自由撒野的空氣，此時，還在山上的咖啡樹，成為了他們每天顛簸跋涉回家的正當理由。

而全球最普及的水果——蘋果，在一九四九年後的台灣，變成隨國民政府來台的榮民之生計所繫，那榮光在高山上閃亮一時，又因開放進口而瞬間黯淡，如今甚至成為政府亟欲砍伐的對象。到底是濫墾禍首、還是地產地銷的減碳良方，蘋果的滋味，又是何等甘苦交織、跌宕曲折的台灣味？

至此我們恍然大悟，台灣味的定義並非侷限於島嶼地域性的絕對口味，台灣味說到底其實是跟著「人」，有台灣人的地方，就有台灣味的存在。而台灣人的歷史本身就是一部移民史，所以台灣味的關鍵，也不只在於Made in Taiwan的材料，而是靈活變巧、融會貫通的台灣智慧，與移民血液DNA所印記的，那勇闖天涯、愛拚才會贏的台灣精神。

所以這本書絕對不是論文合集那麼簡單，台大「地理角」師生團隊不僅走出象牙塔，更走出島嶼舒適圈和同溫層，將關心台灣農業的觸角延展到常人難以企及之處。從泰國的水耕蔬菜到馬來西亞的燕窩，從苑裡稻田裡的小鴨鴨到寮國會咬人的螞蟻，作者群翻山越嶺不以為苦，帶回豐碩且珍貴的第一手觀察。

沒有空洞的理論、艱深的社科詞彙，本書的字裡行間充滿著真摯鮮活的描繪，穿梭著情感與理性交織的扎實思辨。書中不時閃現顛覆既有印象的靈光，點燃閱讀的興味，更於淚水與汗水奔流的田野沃土中，掘出許多令人動容的片刻，篇篇都是質樸卻後勁十足的報導文學，值得你我細閱思索。

導論
在劃界與跨界之間
台灣味裡的食物國族主義

洪伯邑

✦「台灣味」是什麼？

「台灣味」是什麼？很多人的立即反應或許跟我一樣：就「美食」啊！

的確，在台灣無論你是什麼黨派性別宗教等等，「吃」根本成了我們打造集體國族認同的途徑之一。當有外國朋友到台灣，我們通常會熱切想要介紹，甚至細數台灣道地美食給遠道而來的訪客；舉凡各式夜市小吃、珍珠奶茶、鹽酥雞、蚵仔煎、高山茶，甚至臭豆腐。同樣地，當我們到台灣各地遊玩，很多人或許也都會請「在地」的朋友介紹一下代表家鄉的地方美食；即使常年居住國外，許多人也尋找著代表台灣的味道，藉此慰藉綿延的鄉愁。尋找道地的台灣味，的確就像我們日常生活中一個稀疏平常的行動；從這些看似瑣碎日常生活的場景裡，我們不只企盼著一種道地的台灣味，更是一種隱約在心中的「我吃貨、我台灣、我驕傲」的呼喊！

台灣味到底有什麼值得我們這麼驕傲？除了好吃，想想看，當自己或推薦別人吃到「道地」、「在地」的台灣味時，我們在意的是否是從飲食中追尋一種「正港」的台灣？如果答案多少是肯定的，那當我們吃喝台灣味時，或許我們不只是品嚐一種好味道，同時也是追求一種無混雜的、純粹的台灣。唯有如此才能讓我們宣稱「道地」與「在地」，才能從此油然而生我們的驕傲，驕傲裡潛藏著我們對台灣的情感，進而凝聚成集體對台灣的國族認同！

說到這裡，也許有人會說：難道追尋一種真實的無混雜的「道地」或「在地」的台灣味有什麼錯嗎？如果這些味道能轉化成我們台灣人的驕傲與國族認同，那有什麼不好嗎？沒錯，這樣也很好，但我想，在立馬給出「沒錯啊」、「很好啊」這些答案之前，再請大家稍安勿躁，試著先收一點驕傲感，想想我們對熟悉台灣味的不同感受：是否也覺得，當我們對「道地」、「在地」台灣味而感到驕傲與認同時，驕傲的背面是焦慮，對買到或吃到「仿冒」、「贗品」，總之，就是對「不道地」、「假」的台灣味的焦慮。

✦我們到底在焦慮什麼？

對「台灣味」驕傲的另一面是實實在在的焦慮！對台灣普羅大眾而言，我們因為台灣味而不自覺地築起一道防線，一條界定正港台灣味的邊界，界內對正港台灣味帶著驕傲的國族情感，界外對不道地的假台灣味覺得不應該、不道德、不是台灣。如果對大多數人而言，焦慮的來源主要是針對不道地的假台灣味，那接下來就一起來拆解我們彼此究竟怎麼認定「不道地」的「假」的本身。

首先「不道地」、「假」或者「仿冒」可能來自偏離台灣味應有的那種對於「老」的根著，悖離了一脈相承的正統歷史或傳統。另外一種不道地的「假」則有別於上述這種「老師傅傳承道地老傳統」的類型，而是來自對非純粹台灣「在地」的批判，是一種對「混」、「雜」或「不純」的撻伐，彷彿不夠「在地」就不夠台灣，撐不起我們驕傲的認同，進而急切地想要將心中「純粹」台灣味那道邊界鞏固得更加牢靠。

對台灣味因為「純粹」所以「在地」，因為「不混雜」所以「道地」，是一種從味道而體現的驕傲與國族認同；因此，就像我們喝台灣茶，當阿里山茶罐子裡混雜著阿里山茶區以外的台灣茶葉時，我們就覺得這個茶不是純的阿里山茶了；若是加進去的茶葉來自台灣境外，那就更直接可以蓋上不折不扣的「黑心」食品標籤。這個茶葉的例子裡，說明了對台灣味的焦慮很多時候根源於是否是「百分之百」原產地的疑慮；換句話說，要破除焦慮進而讓我們感到百分百驕傲的台灣味，那就必須是百分之百產自台灣內部，也許是某個街角的傳統手作工坊、某個鄉鎮或是個更大範圍的產區。也因此，「百分百產自台灣」也漸漸成為商家與消費者們確認心中所謂正港台灣味的定義詞。

我想說，我們對台灣味的認同，在「真」與「假」、「純粹」與「混雜」的二元對立中，讓我們的驕傲裡帶著焦慮。而這層焦慮，同時對著人和物。對人，我們焦慮想確認，究竟某店家的味道是否果真是誰的傳人留下來的；對物，我們焦慮於尋找所謂百分之百在地台灣的食材食品。但是，究竟有沒有另一種跳脫「真」與「假」、「純粹」與「混雜」這二元式的框架，讓我們重新思索台灣味的內涵？本書的作者們，就是依循著這個提問，嘗試將自己先抽離二元對立式的討論，重新「尋找台灣味」。

因此，「尋找台灣味」當然不再是介紹巷弄美食的老梗，而我們的新梗是尋找理解台灣味的新路徑，一條試著讓我們保有驕傲感也同時放下二元對立焦慮感的道路。作者群們在各自的章節鎖定某一項台灣味，跋山涉水跟隨著自己的案例，書寫特定的飲食和農業，探尋也探詢台灣味從何而來、往何而去，過程中怎麼和不同的人事物交織，進而形塑我們比較少或甚至未曾想過的台灣味樣貌。作者群們共九位，我們將他們各自處理的台灣味再分成四大主題，分別是「東南亞的台灣DNA：技術跨界」、「原住民不只小米：穿梭過去與現在」、「再活一次：農民身分重生」，以及「燕子螞蟻，你滿意嗎？動物來協作」，而從中我們跟著作者們探究台灣味與「技術」、「族群」、「農民」和「動物」四個面向的交織。

✦東南亞的台灣DNA：技術跨界

首先，在「東南亞的台灣DNA：技術跨界」中，我們奉上「茶」和「水耕蔬菜」這兩項從台灣「南向」到東南亞的飲食。在這個單元中，三位作者把目光聚焦在「台灣味」的跨界移動，尤其是製作台灣味所需的台灣農業技術往東南亞輸出的歷史軌跡與當代動態。從這些跨境轉移的動態過程裡，我們也跟著作者思索：台灣味所謂的「在地」究竟在哪裡？「在地」到底是純粹或混雜？「在地」的台灣味是怎麼在海外煉就出來的？

其中「茶」有兩篇，訴說台灣茶，包括茶種、技術與茶商到越南的種種。練事修〈越界台茶：南越茶山上的台灣茶農〉的主角是「台式烏龍茶」，敘事場景在越南南部林同省，也是台灣從一九八〇年代末開始將台灣研發的「金萱」、「青心烏龍」等引進到越南的集中地。但今天「越南茶」常常被簡化成對比於優質「台灣茶」的劣等茶。隨著近年台灣島內茶產量的逐年遞減，而茶消費量卻逐年增加的趨勢，我們對境外茶，尤其是台灣人在越南生產的台式烏龍茶，有著錯綜複雜的糾葛，讓所謂「台灣茶」和「越南茶」處在互相依賴又互相排斥的矛盾裡。當台灣茶只能在台灣島內生產成為不假思索的定律時，在聿修的書寫裡，我們卻看到一群當初帶著台灣的茶種技術，懷著到越南「壯大台灣茶產業」的台灣人，如何在這樣的矛盾中起伏。

接著，我們走到越南北部，隨著雲冠仁〈越洋去做台灣珍奶〉的腳步走進河內的珍珠奶茶店，尋找越南珍珠奶茶的台灣味。珍珠奶茶成為台灣味的象徵而席捲世界許多地方，其中包括越南。當我們對台灣茶採取一種純粹的在地性、只有台灣島內產的茶才是台灣茶的堅持時，台灣人對珍珠奶茶的驕傲感，卻更標榜其象徵台灣的全球性。因此，當很多人在台灣島內為了捍衛百分百台灣味而拒絕越南茶時，冠仁的故事告訴我們，許多在越南經營珍珠奶茶的台灣人苦思著如何在珍奶的全球性之外，守住珍奶無可複製的「台灣性」。要在越南做出道地的台灣珍奶，有人強調以台灣茶葉作為基底，加入越南當地的茶葉；有人則尋思將珍奶製程的知識作為標榜正統台灣珍奶的利器，因此開設珍珠奶茶教室等等。

在台灣茶葉跨境移動的兩個越南案例中，聿修凸顯的，是台灣島內對無混雜而純粹台灣味的在意態度，進而排除越南來的茶；相反地，冠仁則從珍珠奶茶全球拓展到越南後，探看在越南的台灣人，如何從越南產和台灣產的茶葉混雜出珍珠奶茶的道地台灣味。然而，跨境的台灣味如何在台灣以外的地方落地生根，並非單純地遂行生產或消費端的意志，除了依循當地的歷史文化政經脈絡之外，常常也必須搭配偶發性事件，讓原本各自獨立的天時地利人和種種條件聚合在一起，開啟台灣味在境外紮根的過程。趙于萱〈異地生根台灣味〉帶著大家到泰國，看看「水耕蔬菜」這款台灣味從彰化輾轉到泰國，原本只是台商們慰藉思鄉口味的家常菜，如何因為泰國曼谷一場大水災，成了現在泰國主要超商的商品，並標榜著台灣來的菜。

✦原住民不只小米：穿梭過去與現在

到東南亞領略台灣味的ＤＮＡ後，我們回到台灣島內，上山品嚐原住民生產的台灣高山茶和咖啡。在進到本書的第二單元「原住民不只小米：穿梭過去與現在」之前，我們回想一下先前提到的，當我們想到台灣味時，時常也會想到「人」，比如說這個食物的味道是否是某個老店老師傅流傳下來的。除此之外，台灣味與人的連結也常常和族群有關，例如本單元中的原住民。台灣社會對原住民與台灣味的連結，存在一種貧乏的刻板印象，好似原住民的台灣味就只是小米、山豬肉或其他山產；同時，當原住民思索著自身的「傳統」食農文化時，也時常以小米為主要論述作物之一，更有甚者是將「傳統作物」之外的經濟作物，一股腦打成破壞原住民土地關係和文化的元兇。本單元於是試圖從梨山的茶和屏東的咖啡來反思原住民的台灣味。

首先，賴思妤〈高山的賭注〉帶著我們上到梨山新佳陽部落。新佳陽是泰雅族的部落，部落經過遷徙輾轉來到今日的地方。而今，新佳陽部落也在大梨山茶區的範圍裡，走進部落見到的是茶園處處的景象，生產著「梨山茶」這個在台灣高山茶中經濟價值極高的台灣味。但思妤的故事不只是帶著我們到一個深山部落中尋找梨山茶，她想要帶給讀者的，反而是另一個層次的尋找：是新佳陽部落的泰雅族人如何掙扎著與「茶」這項外來的經濟作物，建立屬於原住民族的台灣高山茶；畢竟，「茶」背後帶著強勢的漢文化象徵，也是由外來漢人帶上山的。藉由種茶與賣茶的過程，原住民擺盪在自身的傳統和現代之間，不斷尋找有「原」味的台灣高山茶。

接著，我們從中部梨山往南，到屏東大武山下的排灣族部落，探看原住民如何讓中央山脈南端的山麓成為台灣產量第一的咖啡產區。同樣地，除了探尋屏東山間部落的咖啡園之外，張宇忻〈將苦澀與香醇置於一口〉紀錄的是排灣族朋友因為災後重建與遷徙，進而讓咖啡的產銷和「家」有了新的聯繫。當咖啡園在舊部落的山上，新部落因為重建而在山腳下時，採集咖啡也成了原住民「回家」到舊部落的活動；另一方面，咖啡產業的帶動，讓城市裡的原住民因為經營咖啡而和自己的部落有了新牽連。在宇忻的故事裡，咖啡已經不只是個經濟作物，而是在災後重建的過程中，讓原住民與「家」之間的連結有了新意義。

✦再活一次：農民身分重生

以梨山茶和屏東咖啡談完原住民的台灣味，我們接著思考另一與「人」相關的課題。如果原住民反映著台灣味裡的族群，本書另一個單元「再活一次：農民身分的重生」，將走進農民日常生活，探討實作現場與台灣味的關聯。嚴格說來，上個單元中的原住民也是農民，許多議題無論身份為何，但凡農民都需要面對。今天當我們想著農民與台灣味的連結時，很容易用「小農」這個詞來框架生產各種台灣味食材的眾多農人們。在台灣，「小農」一直還是個廣泛運用但還缺乏精確定義的詞彙；但不可否認，一般我們聽到「小農」這個詞，似乎也感覺是一種更「在地」、更「貼近土地」、甚至更「環境友善」的農業，也因此更符合先前提到台灣味的在地性思維。這個單元裡，兩位作者陳莉靜和蕭彗岑分別以苑裡的有機稻鴨耕作和台灣的高山蘋果來說說「小農」更多樣的面貌。

莉靜〈來一趟中年的冒險〉場景在苗栗苑裡，主角是中年農民實踐有機耕作的種種。近年面對食安、環境等等議題，「有機」也漸漸成為標榜未來生產「台灣味」的農業趨勢。而目前大多對台灣「有機」的描述，情境中的主角常常是「青農」或「新農」，也就是年輕一代的在地農民，或者是從外地來從事農業者——無論是回鄉接手父執輩的農地，還是單純租地或買地務農的年輕農民。另一方面，我們也常聽到，因為台灣農村勞動人口老化，所以青農回鄉從事有機農作為老齡化的農村帶來新契機這樣的說法。然而，在「老農」和「青農」之間，「中年」農民的身影模糊。我們隨著莉靜尋找這群中年農民的身影，看他們如何學習、摸索並在田間實作出苑裡在地「有機」的台灣味。

接著，隨著蕭彗岑〈一顆蘋果，兩種觀點〉，我們再次上山，走進台灣高山的蘋果園裡。想到高山蘋果代表的高山農業，許多人很容易就義憤填膺地指責農業上山是高山環境退化的元兇，因此農民成了環境破壞者之一。另一方面，台灣高山上也充斥著讓許多人感到驕傲的台灣味，尤其是清脆鮮甜的溫帶水果，蘋果、水梨、水蜜桃等等，也都是大家上高山喜歡品嚐甚至當成伴手禮的本土「台灣味」，在此農民又成了本土台灣味的生產者。然而，彗岑的文章帶著我們追問從事高山農業的農民究竟有誰？他們怎麼看待自己？一群榮民和他們的後代在戰後上台灣高山種蘋果，而在今日對高山農業正反兩造的輿論之間，他們掙扎著重新定位自己是高山台灣味生產者的位置。

✦燕子螞蟻，你滿意嗎？動物來協作

在前面的三個單元裡，我們分別藉由農業「技術」往東南亞的跨境轉移，以及包括原住民和農民的「人」的層面，尋找台灣味的箇中滋味。接下來，本書的另一個單元「燕子螞蟻，你滿意嗎？動物來協作」，我們試著尋找動物和台灣味的關係。我們想告訴讀者的是，台灣味的塑造是許多人事物糾纏的互助或排除而共創出來的，這些糾纏連結很多時候包括了動物，就像早期農村社會裡犁田的牛、吃掉作物的昆蟲，或者第三單元中有機稻作田間的鴨子。而這個單元的台灣味也有別於前三單元；在這個單元，我們尋找以非台灣之名跨境來到我們日常生活中的飲食，而本書也將這樣的飲食放到台灣味的範疇裡。具體來說，本單元分別由郭育安〈口水的商機〉談馬來西亞燕窩，由陳思安〈村上先生，我跟你說，寮國有咖啡〉來說寮國咖啡。但兩位作者不只描繪台灣社會如何看待馬來西亞燕窩和寮國咖啡，他們更進一步帶領讀者南向到它們的產地，近距離紀錄它們是怎麼被生產出來的。

乍聽燕窩，你會想到什麼？我想在台灣很多人第一個反應會是「高級滋補飲品」，或者是在過年過節時體面的送禮聖品；又或者，除了想到在大稻埕逛某個中藥行時店內販售的大紅包裝燕窩禮盒，我們腦海浮現的是「燕子的口水」。但我們比較不會想過的是，究竟燕窩從何而來？郭育安因此帶著我們從台灣大稻埕跨海抵達燕窩的產地馬來西亞。在育安的故事現場，我們看到馬來西亞的養燕興起，如何與印尼的排華事件有關；燕農又如何透過聲音的技術吸引更多的燕子到燕屋中築巢；而遠方包括中國和台灣在內的消費市場，又如何牽動著燕農和燕子的關係，協作出大稻埕中藥鋪大紅燕窩禮盒的滋味。

接著，如果你是個咖啡成癮的人，應該不難發現咖啡對很多台灣人來說已經是日常不可獲缺的飲品，無論用來提神、儀式性的工作前必須來一杯等都是。今日當咖啡店充斥在台灣的大街小巷後，台灣集結了世界各地而來的咖啡，包括先前〈將苦澀與香醇置於一口〉提到的本土屏東咖啡。近來，人們也開始從「喝」到「品」

來自全球不同產區的有機精品咖啡，包括被譽為精品咖啡後起之秀的寮國。但思安想告訴大家的是，「品」各地的有機精品咖啡背後帶著對咖啡產地的想像。就像寮國的故事中，人們將落後的刻板印象，轉化成未開發保有天然環境的意象，以此再標籤化寮國「自然」而「有機」的形象。走訪寮國，思安領著讀者省思咖啡農又如何為了符合外地的有機想像，甚至不惜以咖啡樹上咬傷人的螞蟻，和自己被螫傷的傷口來強化有機的保證。

✦從「台灣味是什麼？」到「台灣是什麼？」

四個單元，九位作者，帶著大家到東南亞與台灣島內，一起從平原走到高山，穿越城市和鄉間，尋找台灣味的不同面貌。我期待讀者跟著作者們走這麼一遭之後，能對「台灣味」有更多元的理解，或至少我們可以開始以本書作者說故事的角度重新思考「台灣味」是什麼。此刻當你讀到這段文字時，或許你已經讀了本書作者的文字，有了一些想法；也或者你正打算接下來翻開某個作者的章節，藉著他們的書寫開始進到故事的現場；無論此刻你正在「尋找台灣味」的何處，身為集結九位作者一起寫這本書的「始作俑者」，我想就有些霸道地佔據一些版面來說說我讀完四個單元之後的想法。

我們的世界充斥著各種分類，「台灣味」本身就是個分類；分類的方式可以是國家的，如同「台灣茶」和「越南茶」、在泰國販售「台灣水耕蔬菜」、在台灣販售的「寮國咖啡」。而台灣味中的族群想像，也是個分類想像，就像想到「原住民」比較容易先聯想到「小米」，而非書中的茶或咖啡。再者，許多書中提及的「青農」、「老農」、「有機」、「慣行」等等，都是和台灣味有關的分類。然而，分類從來就不只是單純的分門別類，它反映了我們如何「界定」台灣味；再從「界定」這個行動本身來看，日常生活中我們習以為常的台灣味，其實是充滿「邊界」的。

回到書中裡的四個單元，「東南亞的台灣ＤＮＡ」裡有國家的邊界；「原住民不只小米」有族群的邊界；「再活一次」裡有世代的邊界；而「燕子螞蟻，你滿意嗎？」是人和動物的邊界。因此，台灣味在這些呈現裡，是邊界化的過程，從不同面向的邊界意義界定出「什麼是台灣味？」這個本書一開頭的命題。然而在四個單元、九位作者的敘事裡，除了邊界，我也看到各式的「移動」。台灣的茶種、菜種、農技往東南亞移動；茶與咖啡在原住民社區移動同時，原住民也因為經濟作物產銷在城鄉之間移動；溫帶水果上高山成為戰後到台灣榮民的生計，而有機概念的稻鴨引進到台灣成為中年農民的施作；馬來西亞燕窩與寮國咖啡到台灣之前充滿人和動物跨越彼此邊界而協作的情節。

「邊界」是鞏固的力量，讓台灣味有明確定義的範圍；在這個傾向絕對性的範圍裡，讓我們安心且精確地指出什麼才屬於台灣味，什麼不是，無論這個範圍是國與國之間的、不同族群的、農作理念的、人和動物的等等。相對地，「移動」讓台灣味充滿跨越邊界的連結與交雜，人事物不斷地在邊界內外穿梭；而無可否認，「移動」也是製造台灣味必要的過程，讓台灣味在不同的時空不斷轉移和雜揉出不同的味道與意義。說到這裡，我想再次邀請各位不只回到「台灣味是什麼？」的提問，也再次咀嚼一下「我們到底在驕傲和焦慮什麼？」這個鑲嵌在「尋找台灣味」下的問題。

先前我提到，台灣味之所以讓我們驕傲，很多時候是因為我們從中尋找到一種台灣的純粹性，無論是純粹的傳統、百分之百台灣在地、唯一傳承的老手路或者純天然純有機等等，一種「不純砍頭」的驕傲氣勢。然而，若從本書作者們的路徑尋找台灣味，我們卻又看到台灣味的混雜；當混雜現身成台灣味的實際樣貌時，很多人也許開始感到焦慮，焦慮那純正的台灣性就要失去，一種「不純砍頭」的隱隱憂慮。此刻，我想再更進一步提個問題給大家想想，在我們驕傲或焦慮台灣味的當下，反映的是否不只是「台灣味是什麼？」，同時也是台灣整體社會對「台灣是什麼？」

的認同擺盪。

沒錯，文章開頭已經提到，台灣味已經讓「吃」成為建構台灣集體國族認同的一部分；也因此，對台灣味的焦慮不只是對味道本身道不道地的焦慮，背後反映的也是台灣社會集體對台灣模稜兩可國家定位、國族認同的不安。讀到這裡也許有人會說：「就吃吃喝喝而已，什麼邊界、什麼認同焦慮，想太多啦！」

的確，當我們走在夜市享用鹽酥雞配一杯珍奶時，這等台灣味就是單純的味覺幸福感，沒必要一邊吃喝一邊還得國家大事！但總有些時候，台灣味就是無可避免地被捲進台灣認同的爭議裡。還記得二〇一九年香港反送中運動中關於知名台灣茶飲「一芳」的事件嗎？當在香港的某家一芳加盟店貼出支持反送中運動的告示後，中國便發起抵制；緊接著，一芳可能因為顧及廣大中國市場而公開服膺中國政府後，馬上又掀起台灣社會對一芳的抵制。此等台灣味背後的劃界與國族主義掙扎，只要我們台灣本身的國族認同掙扎還在，我們仍戮力地尋求國際間的國家地位時，類似一芳茶飲的事件不會只是一次性的事件。

身為台灣人，我們似乎時時刻刻急切地想要告訴全世界台灣的存在，以及如何存在，台灣味化為我們從日常飲食發聲的途徑。當世界仍無法讓台灣作為一個正常國家而存在，就如同聯合國世界衛生組織等國際組織總將台灣畫在中國的管轄之內時，台灣社會除了持續爭取全球官方體系中的位置外，我們也一直在尋找能斬釘截鐵定義與定位台灣的方式，藉此尋找一個邊界清晰、內涵本真的台灣，一種有別於世界其他任何地方而存在的樣子。

而在尋找純粹台灣的本真是什麼的過程裡，我們也發現，在台灣，因為不同族群在不同時空的移動，交集出不同人群一起生活的這個島嶼國家，包容了彼此相異的文化與歷史，而這些繽紛的人事物的交雜正是展開與展現「台灣是什麼」的動力。當台灣是在這樣的演化脈絡中往前進時，回到「尋找台灣味」的命題，我們尋找的就不會、也不應該是那個只在「純」與「雜」之間二元對立的邊界鞏固。

這並不是說，當有人用越南來的茶葉混著台灣本地產的茶葉，卻宣稱他賣的是百分之百台灣島內茶葉時，我們還得包容這樣的行徑。不是的，在「邊界」與「移動」互為表裡的台灣味，我們需要的是能跳脫二元對立的敏感度。例如，當你看到茶葉中標示著越南茶的成分，不用一股腦就直接說越南茶就是爛茶來否定它；或者，當你消費百分百有機商品時，不要過度浪漫化了有機生產的過程，而忽略了以「有機」之名而剝削小農的可能。保有這樣的敏感度，不再落入「純」就一定良善，「雜」就一定黑心的思考，從這樣的路徑持續尋找台灣味，我們就能在過程裡持續體現多元而包容的台灣，讓多元與包容成為台灣清晰的面貌！

PART I

東南亞的台灣DNA

技術跨界

1

越界台茶
南越茶山上的台灣茶農

練聿修

我第一次一個人做訪談，是在台北大稻埕的一間百年老茶行。一百多年來，大稻埕一直都是茶行林立、甚至可以稱之為台灣茶產業「大腦」的地方。時至今日，茶行當然有與時俱進的一面，但在這些百年傳承的店鋪裡，人們還是在做著類似的營生。

走進店鋪，映入眼簾的是滿廳的大茶袋，三十台斤裝、批發用；牆邊的展售架上，擺了幾落二兩、四兩或八兩的零售圓筒或真空包。實際上，無論是批發的大茶袋，或是零售的小包裝，都是制式的版型，從台灣的南到北，甚至出了台灣到越南、泰北，只要有台灣人做茶的地方，茶葉大抵都會被披上龍飛鳳舞、花鳥環繞的「台灣茶」、「高山茶」、或是「阿里山茶」的外衣。

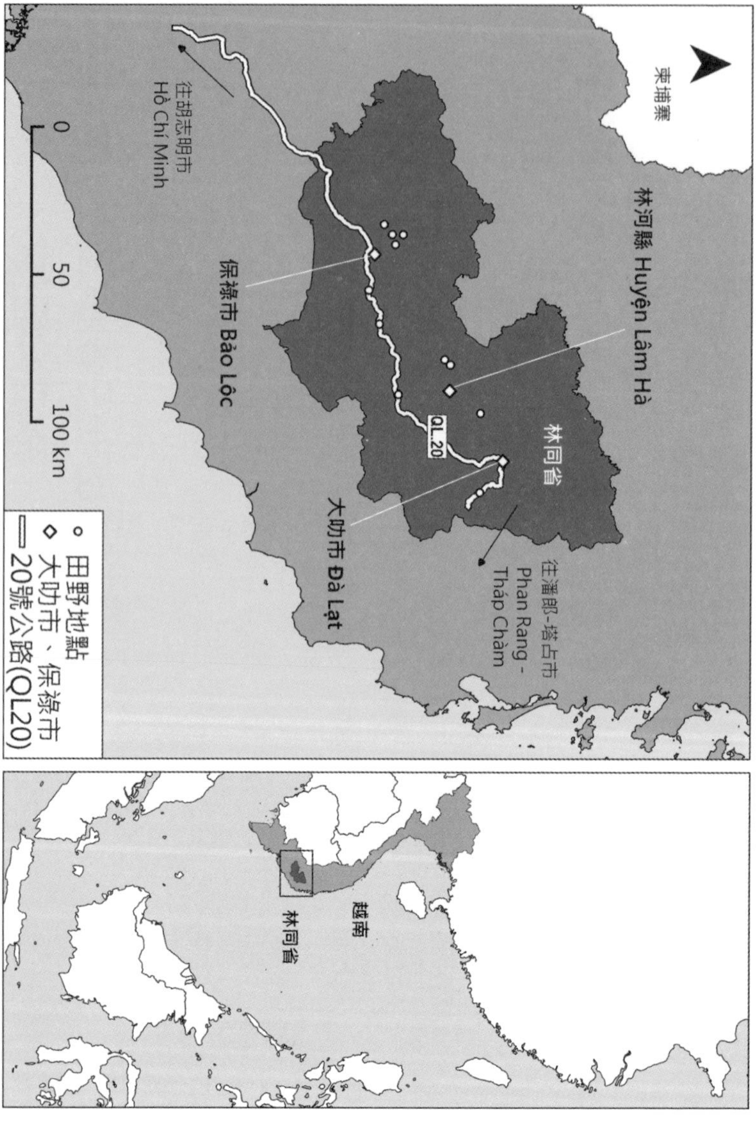
柬埔寨
林河縣 Huyện Lâm Hà
林同省
往潘郎-塔占市
Phan Rang - Tháp Chàm
大叻市 Đà Lạt
保祿市 Bảo Lộc
往胡志明市
Hồ Chí Minh
QL.20
0
50
100 km
田野地點
大叻市、保祿市
20號公路(QL20)
越南
林同省

此時，店舖裡大概有三、四個人。貌似母女的兩個人忙著分裝茶葉；一位不知是鄰居還是熟客的老先生坐在門邊閒聊；走廊那頭傳來俗稱「冰箱」的烘焙機的低沉轟鳴，後面應該還有一個人在忙活。看到我走進店哩，應該是女兒的那位抬起頭來，問道：「請問你找哪位？」

我注意到她那雙手在勺子、茶袋與磅秤之間，沒有絲毫慢下來的意思。我趕緊遵照出發前惡補的訪談步驟ABC，這時候應該要進行「身分表述」，然後「闡明來意」。

「您好，不好意思打擾一下，我來自台大地理系，我和張先生約好今天要來拜訪他。」我說。

其實我和那位張先生也只有過一面之緣。安排這次拜訪的是某位學長，他因為遲到，現在還在大半個台北對面，所以這場訪談才意外成為一個人的訪談。至於張先生，看來應該是這家人的兒子，顯然也還沒出現。

「你要找弟弟喔，他不在欸，你有什麼事嗎？」女兒，或說是姐姐，一邊問話的同時，一邊又封好一個包裝。

「是這樣的，我想請教他一些有關越南台茶的事情。」

話沒說完我就後悔了。母女倆都停下了手邊的工作。門邊的老先生也轉過頭來，死盯著我看。「越南台茶」算是個茶界術語，專指台灣人在越南種出來的台灣風味烏龍茶。但那時可是越南台茶名聲最臭的二〇一五年秋天，經過了那年四月的食安風暴，誰敢承認和越南台茶有半點瓜葛？我想，我肯定被當成來挖新聞的小報記者了。

茶行老闆終於從後面倉庫走出來。他發現眼前的這名菜鳥已經緊張得滿頭大汗、話都說不太清楚，於是直接伸手把我手上的訪綱拿去。他看了一眼，突然非常激昂地瞪著我。

「同學，你要問拼配是不是？」我愣了一下，發現場面好像有了轉機。「你把錄音筆收起來，我跟你講一些不能講的！我跟你說，那些記者啦、報紙啦，都在亂講，拼配根本不是他們講的那樣……拼配對我們台灣茶，真的是很重要！」

拼配是什麼？它和越南茶之間有什麼樣的關聯，以至於許多茶人一講到越南茶，就會咬牙切齒地連拼配一塊兒罵下去？還有，拼配到底是如何把台北的老茶行，與千里之外的越南，密不可分牽連在一起，甚至緊密到可以讓茶行老闆一下子卸下心防，話匣子大開？

我想，要找到茶行老闆所謂「拼出來」的台灣味，我得要跟著茶界前輩們的腳步，往兩千公里外的越南走一趟。

✦嘉定上來的法國人

一百多年前，約翰．陶德將茶葉從福建安溪帶到台灣，大稻埕的茶行一間間開起來的同時，一群人離開越南南部重鎮嘉定（Gia Dinh，不久之後，這座城市會被改名為西貢），向東北方前進。這群法國人之中，有探險家、士兵、傳教士，還有一些來自沿海低地，準備在同奈江（Dong Nai River）上游河谷拓墾的越南京族農民；以及作為嚮導，曾經往來同奈江流域的行商，他們應該也是京族人，甚至也可能是華人。他們沿著同奈江向東北方前進，渡過同奈湖，翻過寶路（Bao Loc）前面的山口，進入同奈河上游谷地，最後抵達今日的林同省（Lam Dong）和大叻（Da Lat）。在這支隊伍之後，道路和驛站陸續開進這處河谷；又過了幾年，法國人在這裡建立農業試驗站，這塊土地逐漸插滿稻米和各種經濟作物，包括從印度引進，一種被台灣人通稱為「大葉種」或「阿薩姆」的茶樹。

一百多年後，我沿著同一條路線，也就是當今地圖上的二十號公路，造訪這條早已植滿各種經濟作物的河谷。我從第五郡的逼仄街區出發東行，望著還在大興土木的第二郡，渡過西貢河；然後沿著同奈江，由西南向東北地穿越同奈省的船屋與橡膠園；在翻過寶路前的崎嶇山口，進入林同省後，終於在咖啡、檸檬與百香果的樹叢之間，看到茶樹。不過，這些茶樹不全是百餘年前法國人開始推廣的大葉種，更多是台灣常見，枝幹細而叢生，葉面較小而翠綠的小葉種。

從法國殖民者引入大葉種栽培，到百年後時常可見台灣小葉種，這中間發生了多少曲折離奇，也許只有「老闆」知道。

✦台灣來了

在我二〇一五年第一次造訪越南的時候，林同省的台商名錄上有二三十家台灣茶園、茶廠經營者，換言之就是有二三十個台灣茶老闆；但是在某些特定的話題中，大家都會意識到，有時候「老闆」只能是那個男人。

我們到胡志明市第五郡的一間老茶行拜訪老闆。在卡車的轟鳴與刺耳的倒車警示聲中，我們見到這位最初的林同茶葉大亨。老闆多年前就把茶園賣掉、退休去了，說是要退休，一轉頭又做起生質能源，卡車載的正是稻穀壓縮燃料。

一九八〇年代末期，越南改革開放之初，原本靠著蘇聯市場生存的越南國營茶廠，也要開始改良產品、技術，尋找新的商機。「老闆」的身分大概就和越南台茶的故事一般複雜：「老闆」是廣東潮州人，在越戰結束前來到台灣，和一些同鄉做起了跨國貿易；一開始做的是冷凍水產設備進出口，但這筆生意沒做多久，在朋友介紹下牽上了國營農場的線，帶著台灣來的製茶師傅，一行人上了越南的茶山，從技術支援開始，走出越南台茶的第一步。

從台灣的角度來說，這宗合作不只是起因於越南改革開放的背景，也符合當時台灣茶產業的需求與困境。一九八〇年代以後，台灣茶產業開始經歷劇烈的轉型，從過去相對低價的原料出口，轉向精緻內銷，還有稍後興起的飲料茶產業，創造了更龐大、更普及的茶葉消費需求。同時，隨著台灣農地逐漸轉為都市和工業用地，各茶區、尤其是桃竹苗淺山丘陵地帶的茶樹栽種面積與產量不斷下降，台灣國內的茶葉消費開始供不應求。「老闆」當年的合作案，就是抓準台灣原料茶和食用花成本日增的機會，先在越南製成香片，再轉進台灣。九〇年代越南茶大舉進入台灣，甚至還造成台灣官方與茶農的憂懼，一度打算以農藥檢驗和貿易管制，阻斷或控制越南茶的進口量。

✦「來的時候以為很簡單，拿個五萬塊美金就可以做了」……………

早期的越南台茶，遠遠不是一般人想像中「跨國投資」該有的縝密與精打細算，相反地，絕大多數的投資者到越南之前對種茶、做茶一無所知。「老闆」原本盤算，進出口貿易的本行有時候事情不多，訂單抓好就完事了；至於投資茶廠，「老闆」說：「來的時候以為很簡單，拿個五萬塊美金就可以做了。」後來發現完全不是這麼一回事，不只製茶機器要從台灣出口，沒想到有時候連螺絲釘都要回台灣才找得到型號。

結果五萬塊夠不夠？「不夠不夠……後來我們大家談合作的時候，得要兩百五十萬美金！」

能夠用錢解決的都還不是大麻煩。有一天晚上，約莫七八點的時候，「老闆」人在胡志明市，山上的師傅打電話下來，說今天收了七十五噸的茶葉。要知道，許多國內的小茶農一整年都做不到七十五噸。「老闆」嚇一大跳，這麼多茶要怎麼做？

當天晚上，「老闆」帶著另一個師傅匆忙上山，趕在半夜十二點開始做茶，從炒到烘，花了兩三天；然後搭著當地產的茉莉花，薰成台灣飯桌上常見的香片。後來，老闆一口氣把通常一廠三四條、初步加工用的室內萎凋機器擴充到一百條，一次可以做近百噸的茶——既然打算走薄利多銷的路子，那就要竭盡所能地放大產量的優勢。精明的「老闆」，還有他的台灣合夥人，甚至是其他台灣商人們開始盤算，如果香片可以做起來，那麼，在台灣更受歡迎、價位更高、利潤也更優渥的烏龍茶，是不是也能拿到越南試試看？

✦林河縣的茶廠

二〇一六年六月底的一個下午，阿伯和阿姨，也就是我在越南每天蹭飯吃的一家人，開車載我來到位在林同省林河縣的某間茶廠，拜訪他們的老朋友阿華。阿伯和阿姨堪稱林同省第一批的台灣茶農，往來的朋友也大多和他們一樣老資格，包括阿華。阿華是來自廣東潮州人，算是前述提到「老闆」的同鄉，最初就是在「老闆」的茶廠打工，才因此走進茶產業。

阿華的茶廠旁邊有一個小湖，那時陽光正好，湖水映著天藍色，還帶點粼粼波光。我們站在湖邊，一邊看風景，一邊閒話家常：「你看湖對面那邊，那個就是林河的茶廠，以前你阿伯和阿姨就是在那邊種烏龍。」

然後我才知道，原來和「老闆」一樣，「林河的茶廠」也是越南台茶的一個關鍵時空。雖然說「老闆」是將台灣茶產業引進越南的第一人，但是烏龍茶的頭香，卻是由另一家人拿走。一九九三年，一群台灣商人合資前進越南，看準台灣日益緊俏的烏龍茶市，打算在越南試驗台灣的烏龍茶種。他們在林河起了這座茶廠，而負責照顧烏龍茶試驗田的人，剛好就是阿伯和阿姨。

✦台茶上台山

早在一九七〇年代台灣茶界的一系列轉折，把阿伯和阿姨，還有整組台灣烏龍茶的品種、技術與產業鏈推向越南。一九七〇年代的兩次能源危機，讓戰後台灣茶農、茶商賴以為生的中東、北非綠茶出口利潤大幅減少，產業轉型勢在必行。在公、私部門的合力下，台灣茶產業百餘年來第一次嘗試以內銷為主要市場。一九七五年，台灣首次舉辦茶比賽，標誌政府和茶業經營者開始關注內銷市場，瞄準精緻、高單價的消費，鹿谷茶比賽也從此奠定台灣製茶工藝標竿的地位。一九八二年，沿革自日治時代的茶廠管理條例正式廢除，並搭配茶業改良廠的改良與推廣。於是，製茶設備、技術從過去集中在少數大茶廠，逐漸開枝散葉到所有茶農家戶。

法規的調整打破了過去茶葉種植與茶廠的緊密連結。以前茶園、茶廠不能離得太遠，否則一早茶葉採下來，然後再搖搖晃晃幾個小時運下山，製茶的時程都錯過了，怎麼賣得出好價錢？但是自從製茶法規鬆綁、技術普及之後，即便是遠離交通動線的深山，也可種茶、做茶了。幾分茶地，兩三台老茶機，必要時架一條流籠以利運輸，只要茶做得好，加上一點運氣，誰知道，「下一個一斤萬元的冠軍茶不會是我？」

於是，台茶開始上山。從海拔一千四百公尺的廬山、霧社，台灣茶人一路把原本生長在海拔五百公尺以下的烏龍茶樹種上海拔超過兩千公尺的梨山、大禹嶺。

一九九〇年代末以前，堪稱台灣茶最後一段供不應求的榮景。茶行、茶商、茶販著魔似地尋找新的茶地，尤其是可以做烏龍茶的地方。旺叔在南投的高峰種茶，高峰是霧社旁邊的一個小山頭，這個小山頭當年在天廬公司、天霧公司（就是大名鼎鼎的天仁茗茶的子公司）帶動的風潮下成為茶區。他說，茶市最旺的時候，茶商會算好採茶的日子，上山以後，只要是茶，全部先扛上車。秀姊一家是台東鹿野的老茶農，聊起九〇年代末那波熱潮，她說那時最甜蜜的煩惱是如何讓每個買家都分到茶，以免壞了日後生意的機會。連遠在越南的阿伯也說，盤商催得緊的時候，是由越南茶填補這些空缺，有些越南烏龍茶甚至是坐飛機回台灣的。

✦十棵茶樹活不到一兩棵

「所以說，一九九〇年代末期的時候，越南這邊的烏龍茶已經試驗成功囉？」

聽到阿伯主動提起二十幾年前的往事，我趕緊試著多挖一點當初品種與技術轉移的過程。因為當年參與品種轉移的經營者大多已經退出越南，好不容易抓到機會，當然要多問一點。

「對啊，很辛苦的。一開始種青心，十棵活不到一兩棵！」

「青心」的全名是「青心烏龍」。在台灣幾個適合做成烏龍茶的茶樹品種之中，青心是價位最高，風味最受歡迎，也因此種植是最普遍的品種。但是，青心同時也是產量最低，種植條件最嚴苛，最嬌生慣養的品種。不只土壤、氣候、雨水不同，阿姨說，一種他們稱為「蛀心蟲」的蛾類幼蟲，幾乎吃掉了大半個茶園。選擇利潤前景最豐厚的青心作為投資的起點似乎無可厚非，但它脆弱的品種特性幾乎讓這些台灣人血本無歸。怎麼辦？

很多手腳俐落的合夥人乾脆一走了之。這些合夥人有兩種，一種是投資者，他們出錢標下土地、蓋起廠房，例如阿伯和阿姨，家族在台灣從事營造業，將部分資金和家族成員放在越南投資。另一種是製茶師傅，負責種茶、製茶、甚至還有賣回台灣的通路，許多國內茶農都曾經在夏天的農閒時期，去越南來一趟上世紀末版本的打工度假。後者的技術帶在身上，說走就走；前者卻早已被土地、廠房套牢，從此像阿伯、阿姨一樣，和越南牢牢綁在一塊。

來不及走的，例如阿伯、阿姨，試遍了幾乎所有品種之後，終於發現「金萱」是最適合越南的品種。金萱耐旱，長得又多又快，也不會被蟲一碰就傾倒，更重要的是它雖然市場價格不高，但是扣掉運輸、檢驗與盤商壓價等種種因素之後，剛好還有一點薄利留給林同河谷裡的台灣人。在接下來的二十年內，金萱成為台灣茶人在越南的首選，也在台灣茶市站穩腳跟。

阿伯和阿姨花了好幾年才讓茶樹活下來，但也僅僅只是活著。他們還要想辦法做出能喝的茶。留給他們的時間不多了，他們必須在資金被抽空之前找到出路，否則整個投資計畫就會變成一場災難。

而這一切的關鍵就是，把茶做好——具體來說，就是要把越南種出來的茶，做得像台灣種出來的味道。

✦「越南的烏龍茶就是一股蟑螂屎的味道。」

但台灣的消費者大抵是不會相信越南種出來的茶，真能做得像台灣種出來的味道。在台灣的茶店、茶行，或是報紙、雜誌、媒體中，時不時可以看到一些讓我至今佩服不已的茶界高手，在花了大半輩子喝遍台灣各地茶之後，他們可以帶著高深莫測的神情說，他們可以喝出這是哪個茶區，甚至是哪片山頭的茶，大到梨山、阿里山的一片茶區，小到翠峰、瑞岩的幾里山頭，遠到一海之隔的越南。味覺這種事情是很難說得清的，他們會說：「說不出來，你喝多了就知道」、「越南茶就是有一股越南味」。

所以，越南茶的味道，到底有什麼不同？

越南茶商會說：「哪有什麼越南味？你喝我們的茶，有喝出什麼味道嗎？」這是在越南最常聽到的回答。我當然會立刻附和說，沒有沒有。

「越南茶就是有一股……我也說不清楚的味道，我也沒喝過，我們這邊沒有越南茶啦！」這則是在台灣最常聽到的說法。我心想，沒喝過要怎麼知道有沒有？

我處在中間，面對越南、台灣兩方對各自的評論，只能暗自收下，不留任何揚起的表情記號。

「越南的烏龍茶就是有一股蟑螂屎的味道。」這次，我差點很失禮地直接追問，你怎麼知道蟑螂屎是什麼味道？

一位年輕時去過越南的製茶師傅，給我一個好像比較像答案的說法。「那時候我們家之所以決定離開越南，」他有點無奈地說：「是因為我們遇到無法克服的技術障礙。」有什麼問題是連老牌茶行的師傅都搞不定的？「那時候我們的茶怎麼做就是黑黑的，喝起來很苦澀，根本不能喝！」師傅毫不避諱承認他當年的失敗。他也沒想到，那些撐下去的同行，最後還真的磨出身在越南的台灣味。

✦一個菁味，各自表述

直到遇到阿華——就是帶我們看「林河的茶廠」的那位阿華——才終於有人講出一個完整的說法。「以前是有，」阿華似乎是第一個承認「曾經有」越南味的越南茶老闆，他說：「五六年前，茶炒不熟，萎凋不好，越南味好像就這麼出來了，像是地瓜味……地瓜葉的味道。」

所有製茶師傅都知道，「茶炒不熟，萎凋不好」意思就是茶葉水份殘留太多，阻礙了製茶過程中的氧化，最後茶泡出來就是葉子水、菜味，或是製茶術語中的「菁味」——也就是阿華所謂「地瓜葉」的味道。說穿了，台灣種出來的茶要是沒做好，也可能泡出類似的味道。更重要的是，對阿華和他的同行們而言，這是個已經克服的問題：既然是走水的問題，那就調整萎凋的時間。不過，這時候，阿姨接話了，她說：「不是五六年前，是剛開始的時候……十幾年前啦！」

一個越南味，各自表述，阿姨和阿華老闆接下來開始就越南味出現與消失的時間點進行深入探究。就像台灣茶商常說的：「你喝了喜歡就是好茶」，每個人的口味都不大一樣，即便如「菁味」是個已經約定俗成的說法，它究竟何時消失，何時被克服，仍然沒有共識。

✦茶農跟著盤商走

沒有共識沒關係，重要的是茶賣不賣得出去，而賣不賣得出去的關鍵，在於能不能做出買家想要的味道。「越南茶不能隨便賣，一次賣低了之後就會再也起不來。」余叔，一位阿伯和阿姨的朋友與同行，一邊慢條斯理地向他那陣子賣價最好的一支茶澆著熱水，一邊分享他的生意經：「像是在夏天、秋天這種時候，茶價原本就偏低，只能把做最好的拿出來賣，因為其他的茶會被盤商殺價殺到再也拉不回來。」

其他稍差的茶呢？余叔說，就只能等到隔年缺茶的時候再慢慢放出來。阿姨偶爾也接上幾句話，顯然這些和盤商之間的刀光劍影，茶農們也都是心有戚戚。於是我接著問余叔，什麼是好茶？余叔說，有一次盤商誇他的茶好，標準在於深吸一口湯匙裡的茶湯，鼻頭要有一股清涼竄出——他一邊拿著湯匙、誇張地深呼吸，一邊活靈活現模仿茶商挑剔的姿態。余叔有點無奈、但更多是戲謔的大笑，總之，在他心目中，壓根不信盤商口中那些品質高低好壞的論據，他只知道要從他們的漫天喊價中，判斷市場冷熱、茶價起落，然後坐地還錢。

二〇〇〇年以後，越來越多台灣人到越南投資茶廠，隨著各家茶園生產逐漸步上軌道，越南茶進口量不斷提升，台灣烏龍茶市逐漸飽和、甚至某些地區開始供過於求。這時候，可以想見的是，盤商取得了決定性的議價能力，也主導了「何謂好茶」的標準。在台灣，有些希望保留自家特色、茶地還碰巧就在那些知名山頭的茶農，開始走上小農品牌打造的險途；至於始終走在灰色地帶的越南台茶，別無選擇，只能亦步亦趨跟著盤商走。

等到我動身前往越南的二〇一五年，已是一片風聲鶴唳。

✦ 風聲鶴唳的起點

二〇一五年對所有身在越南的台灣茶農、茶商來說，也許算不上最糟的一年，但絕對是一切災難的起點。當年四月，數家知名手搖飲料店接連被驗出茶葉農藥殘留超標，一下子打垮該年夏天的茶飲市場，然後蔓延到整個台灣茶市。

當時所有受訪的國內茶農、農會人士、甚至各路名嘴，全部將矛頭對準越南茶，好似千錯萬錯、全是進口茶的錯。結果，查了一兩個月，檢調單位、防檢人員，甚至是原料供貨商，竟然沒有人說得清楚農藥殘留超標的茶葉，究竟是越南茶，還是台灣茶。於是，已經焦頭爛額的台灣官方決定，乾脆對國內外茶農同時下重手。

對國內茶，政府派員下鄉查驗，據說稽核員就在茶區騎著摩托車到處晃，聞到茶香就拐進去抽樣。這些聞香而來的稽核員，導致那年中低海拔茶區夏茶根本不敢收，因為，國內農地破碎，就算有信心自家農藥沒問題，誰能保證隔壁菜園、檳榔樹噴的藥不會飄過來？

對進口茶，一紙「落實原產地標籤」的命令，直接讓林同省的台灣人陷入蕭條。其實整起超標事件本該和他們無關的，當地台灣人做的幾乎都是烏龍茶，與國內飲料店使用最多的紅、綠茶，其實是完全不同的產品。但是，政策下來，一時間誰也躲不掉。據說，某個茶葉零售商乖乖在包裝上打了越南兩個字，銷量立刻腰斬到原本的三成。

隔年，也就是二〇一六年夏天的某個午後，我坐在阿伯和阿姨的車上，阿姨突然示意阿伯開慢點，搖下車窗，看著路旁的茶園。我問，這裡是誰家的茶園？

阿姨一邊把頭探出車外，一邊說：「這裡不是茶園。這裡是越南人開的育苗場。」

自從幾年前有台灣人把培育茶苗的技術賣給當地人之後，林同的台灣老闆們也就乾脆省下自己得花上兩三年時間去育苗的功夫，全部外包了。阿姨縮回車內，阿伯繼續往前開，繼續說：「前幾天，他打電話過來求我跟他買茶苗，還說賒帳到明年沒關係，因為他的茶苗都快長成茶樹了還賣不掉。」

因為茶市蕭條，大家都精打細算控制成本，沒有人想在這個節骨眼種茶樹，硬生生把茶苗憋成了茶樹，育苗場憋成了茶園。林同的台灣茶農和越南人之間絕對稱不上融洽，但在那一瞬間，我真感受到了，什麼叫做兔死狐悲。

✦茶比賽裡的越南茶

台灣茶產業的壞運氣，顯然還沒有到頭。二〇一五年，就在整個台灣的茶產業被飲料茶的農藥殘留搞得雞飛狗跳的同時，鹿谷的一場茶比賽結束後，南投調查站接獲資訊，稱該比賽中，有參賽茶農涉嫌以越南產的烏龍茶參賽。第一手的越南烏龍茶買價多在一斤五百元以下，所以若能透過比賽，即便不是頭獎，拿個二等、三等獎（每個茶比賽的獎項名稱都不太一樣）也是好幾倍的暴利到手。直到二〇一七年，全案偵結，新聞上報，茶產業又是一片震動、撻伐、還有暗暗嗤笑：這些品茶專家說的一嘴好茶，怎麼還讓越南茶混了進來？

不過，對越南那頭的台灣茶農來說，越南茶得台灣獎，根本不是什麼新奇的事情：早在二〇〇〇年，就曾經有過類似的報導，真要說中間近二十年都沒有類似的事情，可能還真沒什麼說服力。

茶比賽的新聞出來後沒多久，我正窩在越南林同省的某間茶廠的客房裡，整理當天拍到的照片，這時候一則陌生訊息跳了出來，先是一個揮手打招呼的貼圖，等了幾分鐘後，網路那頭的陌生人才繼續說：「我是進口茶商，拜讀了你的文章。」我先是錯愕，然後越來越緊張；剛好這則訊息的發送人，在網路的那端不知為何耽擱好一陣子，讓我越等越是焦慮。「非常希望邀請你來我茶廠參觀，感謝您。」

我嚇死了。那陣子我有在一些網路平台上發表文章，所以時不時會被茶界前輩們「教訓」，認為我在「漂白」越南茶；不過，之前的「教訓」大多是在文章的留言區裡，這回直接找到我的臉書帳號，還是第一次。接下來整個晚上，我都是字斟句酌地應對這位「阿林」。直到後來和阿林慢慢熟識之後，我當天戒慎恐懼的模樣，還是會被他時不時拿出來打趣一番。

✦線索浮現

幸好，阿林不是來教訓我的。當時我腦海裡那些收到恐嚇信、子彈的畫面，到目前為止也都還沒發生過。他是林同當地少見的「越南茶二代」，我問他，在整個林同的台灣同行都盤算著退場的時候，為什麼會想來接班呢？

「我對越南茶，對我們家的茶的品質有信心！」幾個月後我們見面時，阿林用一種不容質疑的語氣回答我。

為了闡明信心來源，阿林跟我爆了一些小料。他說，大家都知道台灣的茶比賽裡有一堆越南茶，反正也沒人喝得出來。「那個姓賴的會被抓，只是因為他太囂張！」阿林信誓旦旦堅稱，越南台茶的品質和風味早就已經和台灣這邊相去不遠，幾年前他還沒有把握，但是，「我現在有拼配和烘焙技術，你怎麼喝得出來是越南的，還是台灣的？」

拼配和烘焙的技術？我冒出了一個大膽的想法。我壓下心中對這位突如其來的造訪者的驚疑，主動出擊，「阿林哥，不知道方不方便，等我回台灣之後，去你那邊拜訪一下？」

✦一片稻田中的茶倉庫

阿林是個大忙人，大忙人通常沒辦法提前幾個禮拜和我這等閒人敲好時間。某天傍晚，阿林突然和我說：「後天我有個貨櫃到，你要不要直接來我倉庫看？」我趕緊訂了車票，拉了個同學壯膽，兩天後騎著租來的破車，穿過大半個九月台南燥熱的平原。抬頭是高鐵軌道，左右一片田，整個村落沒有高過兩層樓的房子，靜悄悄地連問路都找不到人。我心想，這地方怎麼會有茶？

就在我和後座的朋友打開google map，研究我們是不是迷路的時候，一輛轎車滑到我們旁邊。車窗搖下來，裡面坐了兩個人，駕駛座上一位貌似三十來歲的年輕男子，用一種充滿朝氣和信心的聲音——我心想，這肯定是阿林了——招呼我們，示意我跟在他後面騎。我們沿著圳道，兜了兩個彎，最後在土地公廟後面的一間倉庫門口停下來。

原先駕駛座上的，果然是阿林。阿林把我們拉進去，說：「這裡是徐哥的倉庫，」阿林指著和他一同下車，坐在主位上開始泡茶的高大男子，「徐哥才是真正厲害的人！」我更加好奇了，能讓一直表現得信心滿滿、幹勁十足的阿林這麼推崇的人，肯定有什麼茶葉上獨到的功夫。

我們一邊聊著，徐哥的助手陸續把一包包茶樣拿進來。阿林的這個貨櫃有十幾支茶，最多是金萱，其他還有翠玉、四季春，甚至青心烏龍也有兩支；一支茶多的有五六十斤，少的只有十來斤。他們開始一支一支試茶：有一兩支金萱做得很優質，茶湯、水色都不錯，更有金萱經典的牛奶糖香；有些茶有點小缺陷，這支水色太紅，那支香氣略欠，或是茶湯口感不夠厚實；還有一兩支問題比較嚴重，有菁味，需要多「費點心思」處理。

整個上午，徐哥一邊試茶，阿林在旁邊一五一十紀錄每支茶的特點；不過，事後來看，徐哥應該早就把每支茶的風味優劣牢牢印在腦海裡了，甚至比我們這些旁觀者紀錄得更詳細。

✦「好茶賣得掉沒什麼了不起，爛茶賣得掉才是真的厲害。」⋯⋯⋯

到了下午，徐哥和阿林開始研究每一支茶該怎麼賣。徐哥一邊回想每一支茶的特色和缺點，一邊估算每一支茶的數量，推敲出各種比例：五分夠綠不夠香的金萱、配上三分茶湯太紅的翠玉、再從另一支勻兩分過來，阿林試了一口驚呼：「好像不錯欸！」於是趕緊把這個配方記下來；當然，拼配也不是一蹴可幾，有時候也會看到他們兩人品一口茶之後眉頭一皺，然後又繼續揉著太陽穴，苦思這配方哪裡出了問題。

最後，除了兩三支原本就足夠出色，可以單獨出售，徐哥和阿林把其他的茶都找出適合的配方。

「這支會不會太綠啊？」

「那支賣給阿青就好，他只要有綠就行。」

「那這支呢？」

「你問一下楊小姐，這支拼出來有烏龍氣，價錢應該不錯，看她要不要。」

阿林一邊滑著手機聯絡各路盤商，一邊對我說：「好茶賣得掉沒什麼了不起，爛茶賣得掉才是真的厲害。」如果沒有徐哥這手拼配的技術，照前面余先生的說法，沒做好的茶都只能放在倉庫裡，枯等市場出現轉機。阿林透露，其實好幾年前，他就曾經去過他父親在越南的茶園；但是直到多年後，他帶著茶樣找到徐哥。「徐哥跟我保證，越南茶的品質沒有問題，而且我們還會拼配。」他才對自家老爸的茶園有了信心。

用越南的成本，拼配出台灣的滋味，原來這就是阿林信心滿滿的來源，敢在這個風聲鶴唳的時刻，殺進一片蕭條的越南茶市。

✦
✦
✦

回到二〇一六年六月底，阿伯和阿姨開車載我到林河的茶廠那個下午。我們先隔著小湖，拍照紀錄下阿伯和阿姨二十多年前起家的那個茶廠；在稍微參觀阿華的茶廠之後，我們到會客室坐下來泡茶聊天。我們聊了當年「老闆」和阿伯、阿姨與阿華當年的交情，還有二三十年來的風雨起落；聊了在台灣傳得煞有其事的「台灣味」，如何在茶園和茶廠裡找到病根，並且予以根除；也聊了近年在台灣市場頻遭打壓，走投無路的無奈——就在這時候，跑到陽台上抽菸的阿伯，突然指著湖對面林河的茶廠，因為激動而有點語無倫次：「阿華，林河那邊好像都是草欸？！」

阿華也跟著起身走到陽台，我當然也跟了上去。阿華說：「對啊，死光啦，死七成欸！」我猜阿華沒有打算讓我們注意到對面原本的蒼翠其實早已被雜草淹沒，這對從這裡起家、打拚二十多年的阿伯來說實在太過沉重；他有點無奈一邊解釋，一邊跟阿伯借火點起一根菸，繼續解釋林河的茶廠發生什麼事：因為經營不善，茶廠經理為了省錢，連水也不澆了，結果茶樹整片整片全枯死了。

二十多年前，台灣茶農、茶商，帶著來自台灣的烏龍茶苗，開始了他們千里之外磨出台灣味的茶廠人生。從林河的一個小湖邊，散佈到二十號公路沿線，三、四個小時車程的範圍；從一塊試驗田，發展到巔峰時期的二十多間台資茶廠。在老公司拆夥的時候，林河的茶廠分到別的股東手裡，阿伯和阿姨從此離開這裡；沒想到再次遠眺，只見一片漫過茶樹的野草。

但也還是有人在這條路上，鍥而不捨調製出他們心目中種在越南的台灣味。阿林和他口中那位神乎奇技的合夥人徐哥，最近就在絞盡腦汁要把茶湯做「綠」。台灣茶市近年的口味越來越綠，茶湯翠綠、氧化要輕、香氣十足，相較之下口感會清淡許多，更不用說後端烘焙出來的焙火味。阿林和徐哥從茶園管理，到茶廠製程，乃至於後端拼配與焙火逐步調整，就是想調校出「綠的分不清產地」的烏龍茶——於是，每隔一陣子，都可以在臉書上看到阿林帶點炫耀的表情，秀出剛剛泡出來的茶湯，從最初在台南倉庫裡見面時的澄澈黃色，以兩三個月的產季為單位，以整批整批的茶葉為成本，一次次逐漸轉青，慢慢朝翠綠淡香而去了。就像過去二十多年來，這根植在越南的台灣味，總是要一步步慢慢試出來、調出來、雜揉出來。

就像當初茶葉從中國跨海而來，當初茶葉自平地爬上高山，當初茶葉又向越南跨海而去一樣。

2 越洋去作台灣珍奶
河內珍奶街的台灣焦慮

雲冠仁

✦珍奶狂潮席捲全球

隨著台灣珍珠奶茶開始在全球市場擴展，世界各地掀起對珍珠奶茶的狂熱，最廣為人知的即是二〇一九年日本的熱潮，甚至還衍生出與台灣不一樣的珍珠奶茶文化。

除了日本、歐美國家，其實這一波珍珠奶茶熱潮也延燒至東南亞，讓我體會最深的，是我在越南田野調查的過程中，因為珍珠奶茶而改變的街景。而台灣人也參與了街景的改變，戮力在越南的珍珠奶茶中提煉無可取代的台灣味。當台式烏龍茶在越南漸漸式微的時候，珍珠奶茶的興起為一群在越南經營茶產業的台灣人帶來新

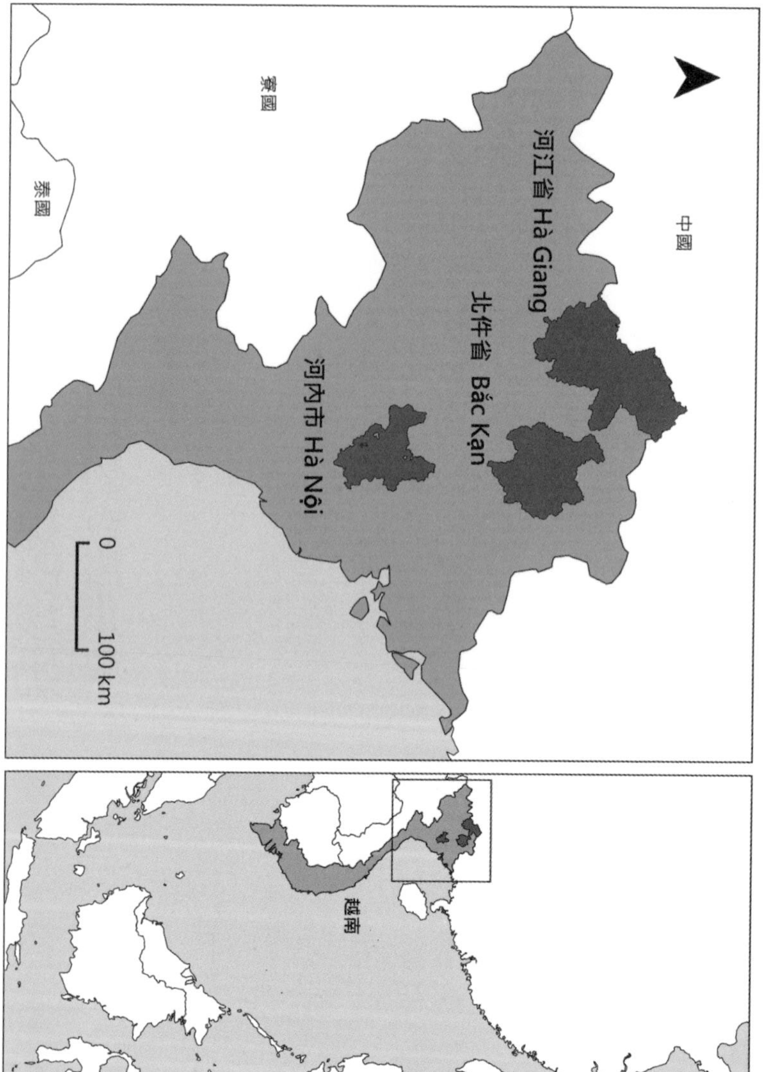
寮國
泰國
中國
河江省 Hà Giang
北件省 Bắc Kạn
河內市 Hà Nội
0
100 km
越南

的契機。有別於一九八〇年代集中到南越高地闢茶園、開茶廠經營台式烏龍茶的台灣人，珍珠奶茶讓台灣人開始聚焦到越南各大城市的珍奶市場，並開啟不同於在南越經營台式烏龍茶的商業模式。接下來，我的故事素材主要來自珍珠奶茶方興未艾的北越，包括在北越山區的茶產區和消費端河內的珍珠奶茶店。

當我在二〇一六年初訪越南河內時，河內雖然有珍珠奶茶店，但為數不多，觀光熱區還劍湖古城區，僅有兩間珍珠奶茶店，皆源自台灣的鼎茶，其中僅有一間提供座位區，供人們閒坐聊天，我在那邊待了一個下午，進來喝珍珠奶茶的人還是屈指可數，相較於附近咖啡店與果汁店、甚至街頭擺兩三張板凳就泡起茶的熱絡人群，形成明顯的對比。

直到二〇一七年，我重回河內，街頭才開始出現了新形態的「飲茶文化」。原本賣咖啡、果汁或是茶飲的商店，開始轉變成珍珠奶茶店，內部打造得相當華麗，幾乎每一間店都有提供座位區，與台灣人習慣快速外帶的奶茶文化非常不同，可以看出珍奶店入境隨俗的經營變化。

珍珠奶茶店擴店快速的現象，並非僅在河內，而是不分南、北越。商業熱銷帶動了許多區域租金的快速翻漲，其中最有名的是胡志明市的吳繼德街（Ngô Đức Kế），又被越南人戲稱為珍珠奶茶街，韓星蘇志燮曾為當中的珍奶店站台，因而引起廣大人們的關注。越南媒體以「狂潮」來形容這種擴店快速的現象。

✦珍珠奶茶在越南的矛與盾

越南珍珠奶茶的崛起，其茶葉真的源自台灣嗎？依據統計數字，可以發現台灣自己出產的飲料茶比例，其實多數也都有越南茶摻雜在其中，怎麼可能有多餘的產量外銷？

在台灣，越南茶一向被視為傷害台灣茶產業的元凶，以低價越南茶混充台灣茶牟取暴利。除了發生過越南茶混充台灣茶參加比賽，結果卻贏得大獎混淆名聲視聽的事件外，近期有知名飲料店頗具爭議的事件，事件中，雖然店家宣稱茶葉產自台灣，原料卻是向越南茶廠進口。總之，在台灣一旦提及越南茶，給人的印象多是品質低劣、農藥殘留與落葉劑汙染的問題。

這些負面標籤，造成越南台商經營上的困難。但令人感到諷刺的是，隨著珍珠奶茶市場的全球擴張，產自越南的茶卻也扮演台灣珍珠奶茶文化輸出中一個不可或缺的角色。透過珍珠奶茶製作技術與品牌包裝，那些對越南茶的負面標籤卻沒有人提起了，甚至在各地造成搶購熱潮。也就是說，現在不論是越南的珍珠奶茶，或是台灣的珍珠奶茶，很多都混有越南來的茶葉，但經過奶茶製作技術的加工，全都升級成了消費者熱愛的飲料茶。這樣的故事橋段，我的受訪者台籍越南茶廠老闆利恩，有很深的感觸。

◆如果我是在做壞事，阮叨ㄟ香欸歪去啦……………

二〇一七年八月，在他人引薦下，我認識在越南河內經營茶廠的台籍老闆利恩，他的茶廠以珍珠奶茶的茶葉原料與茶包為大宗。

當我們聊起台灣茶混有越南茶這個話題時，他心中似乎總有許多憤慨難以宣洩。台灣對越南茶的非議，在媒體的渲染下，多數人認為越南茶代表的就是低品質、有落葉劑，低價賣來台灣傷害台灣茶農，但這樣的迷思讓他很是痛心。藉由我們聚餐的幾分酒意，利恩老闆講起了他在異鄉一路打拚的歷程。

兩年前，利恩老闆認為茶廠好不容易做到了一定規模，這十多年來在外打拚的他，趁著空閒帶著妻兒回家。歸國當天，鄉親看他穿戴華麗，紛紛跑過來找他聊天，但得知利恩是在越南經營茶產業時，一夜之間風雲變色，隔天開始將他的名聲傳得很難聽。

他走在路上，路邊賣泡沫紅茶的阿姨，很不客氣擺臉色給他看，批評越南來的都是爛茶，而利恩氣不過跟她爭論，紅茶店阿姨則在爭論過程中，要求利恩將茶葉賣給她，她想試試用越南茶會不會影響銷路。

「拜託，妳現在用的就是越南茶，而且要我賣茶葉給妳，我一次都是貨櫃好幾噸、好幾噸在賣的，妳這間小店最好能容納那麼大的量！」利恩也知道他當下說的只是氣話。

「我認為賣越南茶，其實也是在幫助台灣茶產業，不然台灣茶自己喝都不夠了，哪能賣那麼便宜，還能夠外銷呢？」利恩老闆喝了幾口酒，語氣更加激動。「我今天賣越南茶，如果我是在做壞事，阮叨ㄟ香欸歪去啦（台語，我家的香會歪掉）。」

酒酣耳熱之後，我們回到他的廠房繼續品茶。他提及他已經對市場的前景不抱有期待，因為台灣人對越南茶的負面印象，使得近幾年台灣對進口越南茶的農藥檢測項目，把關越來越嚴格，甚至超過了歐盟、日本的標準。不僅如此，有盤商將他的茶當作別人不要、品質很差的「貨底茶」。

情緒憤慨的他又烙下「台灣如果再繼續這樣，那我乾脆不要把茶葉賣到台灣，我寧願賣到歐盟、日本，甚至是越南都可以，到時候看看台灣島內的茶夠不夠台灣人喝！」

利恩老闆的處境，也反映了當珍珠奶茶風潮席捲全球，越南台商所面對的難題（見本書第一章的書寫）。但到了二〇一八年，我再次拜訪他時，正好碰上越南二〇一七年年末的珍珠奶茶熱潮，一切的狀況竟有了巨大的轉變。

✦茶葉熱潮，光是越南就快不夠賣了……………………

二〇一八年二月，我再度返回河內，傳了訊息給利恩老闆，預約訪談，結果還沒等到回覆，利恩老闆就先打電話過來了。

「小雲！我跟你約二月六日可以嗎？我跟你說，我現在生意很好，茶葉光是越南就快不夠賣了⋯⋯。現在不跟你多說了，越南這邊的衛生單位來我這裡查驗，表面上是說查驗啦！實際上你也知道做什麼，過年要到了，看我們生意好，來收紅包的啦。今年的生意拜珍珠奶茶之賜，是真的非常好！」

到了約定那天，利恩老闆另邀來自海防市的陳老闆，前來與會。陳老闆雖是越南人，但在中國廣東就讀大學，說得一口流利中文，與我們溝通無礙。

陳老闆前來的目的，是為了幫他在海防市即將開幕的珍珠奶茶店，尋求茶葉原料。陳老闆跟我轉述海防市的珍珠奶茶熱潮，他說，當地陳興道路（Trần Hưng

Đạo），開始出現「珍奶一條街」的現象，帶動店面租金不斷翻漲。

我與利恩老闆估算一下陳興道路的店租金，一個月要價將近二十萬新台幣。利恩老闆很有遠見，他預估這波成長快速的珍珠奶茶熱潮，卻可能造成另一種危機——茶葉的食安問題。

根據利恩老闆的回憶，珍珠奶茶熱潮並不是近年才開始，早在二〇〇〇年，就有台商引進珍奶到越南，二〇〇八年達到高峰。但好景不常，當時遇到中國三聚氰胺的毒奶粉事件，許多店家被越南衛生局清查而倒閉，直到近兩年才再度復甦。

陳老闆也補充，食安問題正是他此行遠道而來的目的，因為就他的觀察，許多珍珠奶茶店為了尋求更便宜的原料，投機取巧，透過中越之間的口岸，走私中國的茶葉。中國茶葉的農藥法規標準相較於越南寬鬆，若貿然引進，可能會再次引爆食安危機。

除了食安問題，陳老闆也補充道：「說到珍珠奶茶就會聯想到台灣，台灣人經營的茶廠，在風味與品質管理上，讓人放心，令人覺得是賺安心錢的。」

✦ ✦ ✦

珍珠奶茶的風行，象徵台商到越南的轉型過程：從南越台式烏龍茶產業的蕭條，到因為越南當地珍珠奶茶興起，重新帶動了以飲料茶作為主要市場的北越茶區的發展。而這樣的發展，並非代表著北越經營者就此順遂，因為北越的飲料茶產業同樣面臨越南其他在地經營者的競爭。跟當初南越的種茶台商一樣，這些台灣的經營者需要透過台灣的製茶與拼配的技術，去劃界並建構「台灣味與台灣品牌」。這樣的轉折，可以從幾位經營者的故事中窺見一斑。

✦我的茶就是要又苦又澀，跟台灣的烏龍茶不一樣……

回到二〇一六年，原本在北越研究的我，跟研究夥伴聿修走訪南越茶區，南越茶區因為外界對越南茶的負面標籤而逐漸沒落，傳統的台式烏龍茶已經得不到過往的好價格。茶的生產具時節性，但是南越茶廠的經營模式不像台灣本土的茶廠，靠產季就能維繫生計，茶廠的租金、茶廠茶工的人事成本不斷支出，要維繫茶廠的營運還是需要依賴飲料茶的製作。

而隨著南越茶區台式烏龍茶生產的沒落，許多台商開始從珍珠奶茶的興盛當中尋求新商機，並往北越茶區發展，就像先前提到的利恩老闆。但是，事情也不是珍珠奶茶一來，到北越茶區開啟或調整茶產業就能成局的；更精確地說，原本在南越茶區製作台式烏龍的普遍工法也必須隨著調整，包括到北越尋得不同的原料與新的製茶工藝。老葛，這位輾轉來到北越收茶作茶的台灣人，拋開了原本台灣人熟悉的台式烏龍茶製法，開始在北越茶區裡開展製作珍珠奶茶原料的技藝。

我們初次拜訪老葛，是二〇一七年的夏天。經過幾番交談，老葛在我眼中，就是一個「漂泊的人」，他的生意足跡從福建、廣州，走到雲南，目前暫時落腳在越南。

他說，這一生都追尋著茶，對於才剛踏進入茶研究的初學者而言，走得越多越是體認到，茶是一輩子都研究不完的事情，老葛自己的生命經驗就是最好的印證。

在幾番寒暄後，老葛不慍不火，拿出他帶來的茶葉沖泡，先自己細細品味後，再示意我們品嘗近期製作的紅茶，那是他的「得意之作」。

夏天，是最不適合做半發酵烏龍茶的季節。以季風亞洲氣候區而言，夏天是雨水最多的季節，茶葉水分含量高，再加上日照與高溫，會促進茶葉兒茶素的生成，此時的茶會有苦澀味。但這樣的環境條件，對需要味道豐厚的紅茶製作來說（在茶界會說是水厚），卻是最好時間點。

老葛紅茶的茶色，若依中國的六大茶系（紅、綠、白、黃、黑、青）區分，其實更像是黑茶。品茶，猶如飲下一片黑色夜空。

這樣的茶，就茶湯的風味來說，是苦澀的。但這樣的苦澀並不難受，而是入喉之後，會轉有炭火的韻味出來；如同聽完太鼓樂團後，當下被震撼的情緒，在樂曲結束後，轉換成在腦門中的振盪。

「怎麼樣，我的茶是不是喝起來比較苦澀？」老葛像是知悉我們會有的反應，提出這樣的問題。

「我的茶就是特意做得又苦又澀，跟台灣的烏龍茶不一樣。」

這席話，引起我們的好奇心，為什麼茶葉需要又苦又澀？老葛的答案正是他追尋茶生意的故事。

台灣在一九八〇年代，高山茶市場崛起，經濟繁榮，飲茶文化興盛，許多台商看準市場，將茶種與技術帶往越南、中國等地區發展，而老葛在當時，也是前往福建發展烏龍茶的台商之一。

但大陸的烏龍茶，受限於法律，無法賣回台灣供零售。雖然中國國內的市場看似有前景，但各區都有自己習慣的茶品，台灣人在福建生產的烏龍茶相對大陸市場算是陌生的，很難打入既有的市場。

到了一九九〇年代，中國市場興起了普洱茶（黑茶）的熱潮，老葛看上了這波商機，從福建輾轉往廣州、雲南地區發展。

「那時候很多茶廠，都請我去上課，指導他們做茶，還稱我為茶博士呢！雖然我只有小學學歷，但在茶葉界居然被稱為博士。」老葛自豪說著這段往事。

之後，輾轉來到越南的原因，其實是為了原料，即老茶樹。這些老茶樹的樹種，是沿著雲南、越南、寮國、緬甸的邊境分布，中國因為追求現代化的建設，這些老茶樹已被砍伐殆盡，老葛給我們品嘗的紅茶，正是用越南殘留的老茶樹製作出來的。

「難怪剛剛那些茶，喝起來有點像是普洱。」我聽完故事後回答道。

「但這跟普洱又不一樣，是普洱紅茶。為什麼我要將它做成紅茶，而且做得又苦又澀。其實這些茶，是要拿來做飲料的！」

老葛回顧二〇一五那一年，他到越南後，先觀察了越南的飲茶習慣，他深知，越南人對普洱茶的接受度很低。

但當時正好遇上了台灣飲料茶市場的蓬勃發展，許多知名飲料店都開始將市場目標放在海外，老葛也在此做出了不一樣的嘗試，他將這些原本做成普洱茶的老茶樹，改用不同的工法製作。

「我將茶做成又苦又澀的原因，是因為我知道，最後這些茶，要跟其他的茶葉拼配；我若能讓我的茶葉味道很有特色，那就能變成飲料中不可或缺的一部分。尤其是，最後這些原料要做成珍珠奶茶，一定會加上糖、冰塊加以調和，所以茶就是要苦澀，這樣最後的珍珠奶茶，才會有它的風味啊！」

老葛的這番話帶給我全新的想法。我原本以為，這些飲料茶都是用低廉的原料茶梗泡出來的，甚至茶葉製作「技術」可以說是不存在的。但老葛反駁了我的觀點，他說：「做飲料茶，其實也是需要技術的。」

老葛自豪地說，正因為他獨特的製作技術，許多台灣大品牌的珍珠奶茶店都使用他的紅茶，作為珍珠奶茶紅茶風味的基礎。

✦這個茶葉雖然有澀，但這個澀味不對，這個澀味是茶澀……

做飲料茶需要什麼技術？為了得到解答，我們跟隨老葛去他的茶廠查看。老葛的茶廠被他的台商朋友戲稱為是「秘密基地」，位於中越交界的河江省內部的小縣，距離河內市，還需要五、六個小時的車程。

到達茶廠的時候，已經是中午時分。身著一襲藍色越南長衫的婦人，在門口迎接我們，她是老葛聘請的越籍幹部阿秀，因為曾在台灣工作過，所以能跟我們溝通無礙。

在我們到達茶廠後，茶工便陸續端出香噴噴的菜餚，早已飢腸轆轆的我，在主人還沒準備吃飯以前，是不能有所動作的。

老葛面對這些菜餚，卻顯得心不在焉，他更關注的是今天茶廠做好的茶葉。老葛仔細端詳茶葉，面露不悅，開始對阿秀大小聲，這些採收的茶葉製作成的茶菁，普遍都有茶梗過長的現象，這會影響到茶葉的苦澀味。

阿秀有點不知所措，不知道該如何應對老闆突如其來的質疑，直說會再請當地採茶的少數民族，更加注意採收茶菁的長度。

老葛抓出大把的茶葉放到茶壺，加進熱水靜置幾分鐘之後，一杯一杯倒出來聞香，並大口啜飲。此時老葛的臉色又開始變了，我們感覺到不尋常的氣氛，阿秀又要遭殃了！

「妳這個紅茶就少了一個火味啊！是不是最後烘焙加工的時候火候不夠？」老葛問。

「老闆！不是！我們都有照你的意思去控制火候！烘焙溫度是一百三十五度沒錯！」阿秀看似緊張，但這次她比較有把握，提出了一套說法。

阿秀的回應一時讓老葛愣住，經過短暫的思考與討論，推測出可能的原因。原來是炒茶機器械方面的溫度誤差，影響了茶葉的風味。

「跟你們說，這邊的炒茶機都是燒木頭的，所以一定會有誤差。妳自己邊做邊試茶，就可以即時知道機器的問題，妳就慢慢調整溫度，調整到茶成品可以過關的時候，妳也約略能知道機器誤差了幾度。」

從上述這段情節得知老葛對茶葉品質的管控嚴格，同時也呈現台灣製茶技術如何滲透到越南的製茶體系之中。

老葛喝完茶、享用完午餐後繼續聊道：「雖然人們都說飲料茶的利潤比較低，但我的茶葉未來是要主攻日本、中東與高端金字塔的飲料茶市場，所以在製作技術上，必須要有一定的標準，才能達到一定的品質。」

✦ ✦ ✦

隔天，老葛帶我們去參訪他的茶山與茶廠，可以見到山中的氤氳如同給山披上一層白紗，走在蜿蜒的山路上，隨處可見與人等高的樹木，這些正是老葛口中所謂的老茶樹。

這些老茶樹，每一株平均都有五百多年的歷史，而老樹茶的採收必須仰賴少數民族爬上樹梢才能完成。越南的少數民族在數百年前，就已經有飲用這些茶葉的習慣。

隨著越南市場開放，越南茶除了越南自身內銷，也以有機的形式銷售到歐盟。但他們還是沒有高規格的茶葉，好到有資格做需要另外加工的綠茶，茶葉的品質也不大穩定，相較於越南知名的茶鄉太原省，這些茶相對缺乏競爭力。根據老葛的說法，越南北部太原省的茶葉在過年的時候，平均價格可以到一斤兩千多台幣。

跟著老葛的腳步走到茶廠，茶廠裡的茶工一臉詫異著看著這位陌生人進入，隨意翻動茶廠的器具與茶葉。我猜想這是這些茶工第一次見到「老闆的老闆」的到來吧！

山間的小茶廠同樣隸屬老葛技術指導與契作的約有十幾間，遍布了整個小縣。阿秀因為會說中文，屬於管理階層，負責

翻山越嶺尋找古茶樹

這個小村莊的三座小茶廠，而這三座小茶廠的老闆阿明，是越南人，並不會中文，所以在茶葉的製作技術上，必須要透過阿秀的轉譯，才能學習茶葉的製作流程。

阿明一家不敢怠慢老闆過來，拿出了前幾天做好的飲料紅茶招待我們。老葛啜飲了紅茶，又開始皺起了眉頭。

「這個茶葉雖然有澀，但這個澀味不對，這個澀味是茶澀。」

阿明與阿秀則愣在一旁，阿秀雖懂中文，但聽不懂老葛話中的語意。老葛泡了另一包茶，品嘗之後，露出較為滿意的表情，示意阿秀要仔細品嘗看看。

「我要的就是這個味道，這個澀味跟剛剛不一樣，這個澀味是用火烘焙出來的澀味，這叫做火澀！怎麼樣，你們喝得出來嗎？是不是比較香，這樣做飲料後，再結合其他茶，然後加上糖跟冰塊，風味就會很好。」

以我們的品茶程度，自然是無法分辨出什麼是「茶澀」與「火澀」的差異，但是經驗老道的老葛卻已經設想在最後飲料紅茶拼配的過程，該如何用澀味去凸顯茶葉的特殊風味。這就是他所謂「技術的重要性」。

我後續查找資料，才發現老葛並不是特意刁難阿秀，依據科學性的詮釋，火澀的風味其實是化學中的梅納反應，透過烘焙而出現火香味，與茶澀的形成因素有所不同。根據茶改場的資料，茶澀其實是在茶葉走水過程中，水分沒有帶走，留在茶葉之中，才會使茶葉苦澀。兩種澀味其實是有差距的，究其原因來自「技術」，茶澀是技術上製作的不完備，在製茶中，是不被允許出現的；但是火澀卻是要特意為之，如何去調控茶葉的烘焙時間，使得茶葉出現澀味而不是焦、酸味，這是種高端的技術。

在我們即將要離開茶廠之前，越南茶廠老闆阿明透過阿秀翻譯，向我們表達他對台灣製茶體系的想法。

阿明認為台灣製茶技術是新奇與進步的。他也偷偷向我們透露，他想將技術好好學起來，帶到北越其他茶區自己經營，利用飲料紅茶創造更多利潤。

台灣的技術提升了越南茶的角色，當經過台商指導、加工過的越南茶，再透過

北越山上的古茶林

拼配，增添台灣珍珠奶茶本身的風味時，台灣的技術也同時改變了越南當地茶區的市場結構，讓台商在越南製茶的重心漸漸從南越轉向北越。

什麼是道地的台灣味？

對於越南茶的爭議點，除了茶葉品質，最大的問題仍是拼配與混茶兩者之間難以界定的問題。以拼配的模式來看，利用其他來源地的茶葉，結合台灣茶，最後宣稱是台灣茶販售，表面上看似是欺騙的行為。但弔詭的是，拼配技術在珍珠奶茶市場中，卻又是不得不的手法。為了讓茶葉有一定的品質，以及有足夠的數量可以出口，所以需要拼配。然而，這樣混合其他來源地區的茶葉，行銷到世界的珍珠奶茶，卻又被稱為是「道地台灣的珍珠奶茶」。

面對「何謂純種台灣味」的難題，在越南經營珍珠奶茶店的台灣人又是怎麼看待的呢？很妙的是，我所訪問的兩位經營者有著不一樣的答案。

✦既然咖啡可以「混和」，為什麼茶葉「拼配」卻不行？

陳會長在河內所經營的珍珠奶茶店，店名就叫做「台灣好茶」（Taiwan Good-tea）。進到店門口，映入眼簾的即是台灣茶園的照片，按照陳會長的說法，這樣的命名邏輯是想要給予越南顧客「台灣茶」等於「好茶」的形象。

當我提及陳會長茶葉使用的來源地時，陳會長急忙宣稱「自己的茶葉原料都從台灣來」。但我一追問，陳會長才跟我詳細解釋，他使用的茶葉是「拼配」越南茶之後的台灣茶。

看起來像是在玩文字遊戲，但在陳會長眼中，這兩種概念，其實並不衝突。在飲料茶的拼配中，為了穩定品質與擴大出口量，必須要將不同來源地的茶葉予以混合，調和成最適宜的味道。

拼配，是一項技術層次相當高的技藝，也是陳會長最引以為傲的步驟，他認為拼配是台灣茶文化最高深的一部分。

陳會長利用在越南取得茶葉管道的優勢，在台灣聘請專門的拼配師，將越南收購的茶葉運回到台灣，透過拼配師將這些茶依據特定比例結合台灣與其他國家的茶葉（除了越南，也有斯里蘭卡、印尼等地），再將茶葉送回越南的店裡。

當我不斷向陳會長挖掘台灣拼配師的相關問題時，陳會長笑得很尷尬，好似不太願意回應，原因是拼配牽涉到的是相當高端的技術，也是許多茶廠的商業機密。好在陳會長也很熱心，他利用其他方式讓我明白拼配的進行方式。

他轉身從櫃子裡面拿出一包產自越南的茶葉，宣稱是他茶飲料當中重要的「基底」，用熱水沖泡後，示意我喝看看。

結果，這一泡茶的味道很讓人不舒服，我向陳會長表明後，他笑了笑，將我們正在喝的梨山茶倒入這杯基底茶中，整泡茶的味道有了變化，變得順口許多。

「你看！這就是拼配神奇的地方。不同的茶混合在一起，就會產生獨特的味道。越南茶在飲料茶裡面，扮演重要的角色，如何利用越南茶的底韻，做基底調配，襯托出台灣茶的風味，這就是台灣茶文化值得驕傲的地方。」

除了影響茶葉的風味之外，拼配另一個最直接的效果，就是反映在價格。陳會長解釋若是整杯飲料茶的原料都來自台灣，價格勢必會漲個三、五倍，那麼終端商品飲料茶就不是一般勞動階層的人可以負擔的了。

拼配這項技術，在陳會長的論述中，看似百益而無一害，但正因為混和了其他國家的茶葉，在台灣內部產生了許多爭議。

我試著提到這些爭議，但陳會長並沒有站在「純本土」或是「拼配下的本土」這樣的立場，他舉了咖啡做類比，他說：「就你們知道的，越南也是產咖啡的大國，越南產最多的咖啡是羅布斯塔品種的，這種咖啡是價格最低、風味最不好的，但是這種咖啡卻是最重要的基底。因為它可以去結合其他產區咖啡，去襯托出其他產區的味道，像我們喝便利商店的咖啡，裡面一定都有羅布斯塔咖啡啦！而且你以價格考量，單品咖啡雖然味道很好，但價格卻也比較高。」

「所以，既然咖啡可以混和，為什麼茶葉拼配卻不行，今天拼配越南茶，其實也是能幫助台灣茶產業，並透過珍珠奶茶文化，進而向全世界行銷。」

我還透過引薦認識另一位茶葉達人阿倫大哥。我受邀到他店內試喝，發現店裡充滿「台灣味」的裝潢，飲料包裝最吸引我注意的地方，是杯子上的標語──「The true taste of Taiwan」，最真實的台灣味。

他屬於個體戶，並沒有大額資本向台灣進口珍珠奶茶的原料，相反地，他利用越南擁有許多台商在地種植、生產茶葉的優勢，先利用越南本地生產的茶葉作為主原料的大部分，最後再拼配加入台灣茶。那阿倫宣稱的台灣味，

阿倫大哥店外一角

又是如何而來？

他面對我的問題，一時間也不知所措，但他說：「你看我們這邊很多人經營茶產業，技術與管理，也是台灣來的，為何不能稱之為台灣茶，或者是台灣茶的一部分？」

對他而言，台灣象徵的正是珍珠奶茶的品質與形象。阿倫期盼未來他能掌握越南珍珠奶茶業的上游原物料體系，在珍奶店快速擴展競爭中，維持原物料的品質。

隨後，他扮演起導遊的角色，帶我去河內街頭感受珍珠奶茶店雨後春筍般出現的熱鬧。根據阿倫的說法，其實這些店細分起來有直營、加盟、代理、甚至是仿冒的。但由於這些企業進入越南的時候，沒有註冊商標，加上模仿效應，很難辨別這些店家的真偽。

這些經營者多半為了節省成本，自己去尋

真實的台灣味？

找沒那麼講究品質的原物料，進而影響整體珍珠奶茶的品質。這樣的情況，也給「台灣味」帶來了危機。阿倫有感而發說了：「現在越南珍珠奶茶擴店很快沒錯，但是都擴張到亂了套了。」原本象徵台灣意義的珍珠奶茶，有可能因為這些店家並沒有相對夠格的原料或技術，結果製作出品質不佳的珍珠奶茶，反過來傷害了台灣珍珠奶茶的名聲。

但對阿倫來說，他也在混亂當中看到另一種轉機，讓他得以在各式來路的原物料中，強化台灣味的獨特性。他的做法是：以「台灣人」的名義開設「珍珠奶茶教室」，輔導有興趣的越南人開店。除了技術訓練之外，也提供上游的原物料，藉此創造珍珠奶茶的整體產業鏈，建構使用台灣茶等同於高品質珍珠奶茶的意象。

阿倫邀請我去參觀他的珍珠奶茶教室，同行者便是在北越經營茶產業的小瞻。

小瞻是茶產業的第二代，家族過去在越南南部種茶與製茶，產品主要是沖泡類型烏龍茶，但搬移到北越之後，趕上珍珠奶茶熱潮，轉型發展飲料茶市場。

小瞻向我透露他的隱憂，他說：「雖然越南有許多手搖飲料店陸續開張，但其實倒閉的也不在少數！很多加盟店都只買了代理商的名字，原物料就得自己去找。雖然現在原物料很好找沒錯，但沒有拼配技術，所以很容易被市場淘汰。拼配是技術門檻，台灣因為具備這項高技術，加上如果有拼進去台灣茶，那就會有無可取代的風味。」

小瞻語氣忽然大聲起來，語帶嘲諷地說「但早晚有一天會被取代啦！因為現在使用的茶葉，百分之九十是越南，百分之十才是台灣，但最後可能連這百分之十也沒差，到時候越南就不需要台灣。越南自己也知道這些茶葉原料，都是來自於自己國家，只是沒有後面拼配的技術而已！」

此時，小瞻的語氣開始轉為無奈：「但拼配技術還是可能會外流的！台灣總有一天，珍珠奶茶的品牌會被越南搶走。」他最後有點氣憤地補上一句：「台灣真的很矛盾，一方面要推廣珍珠奶茶文化，一方面對越南茶有成見！」

✦ ✦ ✦

籌備中的珍珠奶茶教室

從陳會長和阿倫兩位的不同看法，我認為正好激發我們重新思考何謂「道地的台灣味」這件事。他們的回答正反映「道地的台灣味」這樣的宣稱，如何被建構出來，因此可以看得出來並沒有純然、無可改變的「台灣味」。

✦台灣茶或越南茶的矛盾

當我們將珍珠奶茶視為理所當然的台灣文化，並引以為傲的同時，我們卻忽略到這些茶葉的來源，多半來自於我們最常予以負面標籤的越南茶。若是沒有這些越南茶，單就台灣茶葉的生產量，是很難供應世界珍珠奶茶市場的需求。雖然近期桃園市也開始推動平地茶復耕計畫，但對於持續上升的需求量，仍是杯水車薪。

而我進入到田野的時間點，正好碰上珍珠奶茶在越南的流行，也因為越南這個獨特的案例，使得台灣茶和越南茶之間的矛盾更加浮上檯面。

在我的田野中，這些在越南經營珍奶的台灣業者都是以台灣製作、拼配技術自居，強調自己是道地的台灣味，但台灣茶與越南茶之間的焦慮一直以來如影隨形。他們認為自己對台灣的茶產業有所貢獻，但為何被排除在「道地的台灣味」之外？

然而，回歸到「道地」這樣的宣稱，我們很直觀認為茶葉就是要種植在台灣，才能被稱為「道地」。套用在珍珠奶茶案例中，可以發現「道地」這樣的宣稱，雖說是商業性的說詞，但站在他們對於「道地」的詮釋觀點上，其實並沒有犯什麼錯；宣稱也會依據不同人對於技術想像而有所改變。由此可見「道地」這個概念並不是固定的，而是不斷被重新劃設、重新框架，不斷變動。所以，當珍珠奶茶在全球市場擴張而成為象徵「台灣味」的時候，這個「台灣味」的國際象徵其實仰賴許多非台灣本土生產的境外茶葉，包括讓許多台灣人心生疑慮的「越南茶」。此時，若我們因為珍珠奶茶作為台灣的象徵而感到些許的驕傲，驕傲背後的你我是否也會因此對「越南茶」有不一樣的觀感？

3

異地生根台灣味
水耕蔬菜×泰國×台灣

趙于萱

二〇一七年八月三日，曼谷市區內位於 Chitlom 一帶的 Big C 百貨超市總部頂樓辦公室，一場會議正在進行中。這是台商鄭董的公司和 Big C 一年一度的廠商簽約談判會議，我幸運地能參與其中，和兩方人馬在同一張長桌上開會。這是場重要的簽約會議，將要訂定出隔年度的訂單數量以及價格，對雙方而言皆是相當關鍵的一次談判。

第一次親臨商業談判現場，坦白說，心裡興奮至極。畢竟是跨國企業總部，走到談判室外的長廊，一間間獨立會議室中皆有會議正在進行；而坐定後看見桌上告示牌，明確寫著會議中雙方須遵守的規則，包括不許錄音、不宜使用手機、談判雙方須誠實等等，嚴謹的會議規章讓我更加期待接下來的大戰。

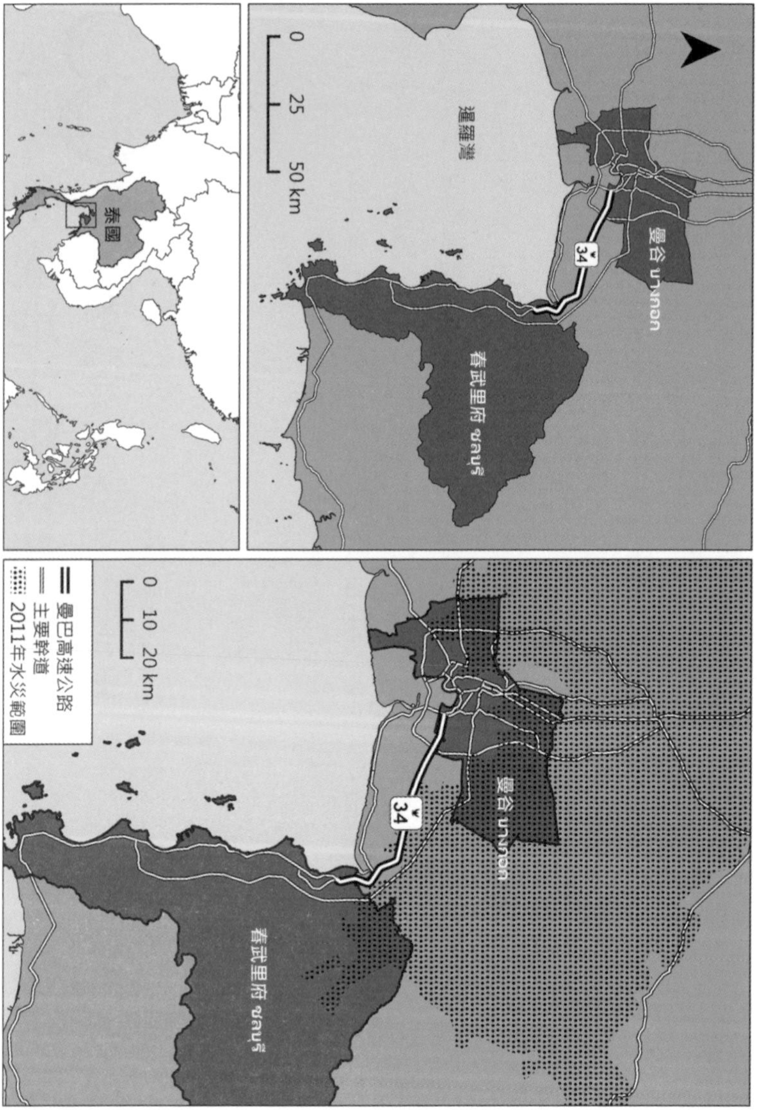
泰國
暹羅灣
0 25 50 km
曼谷 บางกอก
春武里府 ชลบุรี
34
0 10 20 km
曼巴高速公路
主要幹道
2011年水災範圍

賣場的經理與採購人員們，在會議一開始便報告了台灣水耕菜的銷售概況。採購部門經理先發制人，說起近期水耕蔬菜中，台灣菜種（尤其是絲瓜）銷售情況整體並未有大幅度的增長，因此有意減少絲瓜的進貨量；此外，也由於沙拉菜品項有新的供應商出現，期待能將單價下調。而此時台商方面也不甘示弱表示，若賣場方減少訂單，將調漲進貨單價的要求。雙方在談判桌上各自提出條件和需求，帶著閒話家常的討價還價，氣氛表面上輕鬆，事實上卻相當緊張，空氣中飄散詭譎的氣味，每一塊錢的變化都牽動著整個水耕蔬菜產品市場的走向。

事實上，台商鄭董目前確實是超市的水耕葉菜最大供應商，台灣水耕菜技術輸出泰國，在首都曼谷發揚光大，擁有最大的水耕蔬菜市佔率，更在百貨超市，推出標榜台灣菜的產品。能夠在泰國百貨超市貨架上寫著碩大的「台灣」二字，以台灣菜形象行銷，已不是單純用「有趣」能夠形容。

世界這麼多國家都希望在東南亞投資水耕菜這種新型態農業，台灣人為什麼能在泰國建立市場？台灣和泰國有何關聯？水耕菜產品又是藉由什麼樣的實作過程在異地生根？以下我將帶領讀者跨越海洋尋找台灣味，認識市場形成的過程。

還記得二〇一七年一月，第一次走進 Big C，這家泰國最知名的本土大賣場，輕快的泰國歌曲，伴隨著泰語活潑生動的賣場促銷廣播，逐漸感覺自己進到了泰國

台灣水耕菜產品

人的日常空間。雖然這對當地人來說可能再平凡不過了，但對於一個異國的旅人，在這裡看到的每一項商品、每一面文宣甚至價格都被深深吸引，琳瑯滿目的商品是多麼新鮮有趣。

泰國料理常用到的蔬果在這兒都可以看到，蛋茄、打抛葉、香茅、空心菜……咦？等等，沒看錯吧？在眾多生鮮蔬菜包裝中出現了大大的中文字，寫著「台灣地瓜葉」，這究竟是什麼？

就像他鄉遇故知，在陌生的國度，看見令人倍感親切的家鄉味，內心的興奮很難隱藏。拿起了蔬菜，包裝上除了正面斗大的中文字以外，其他依舊是密密麻麻的泰文字。既熟悉又陌生的感受激起了心中的疑問，究竟是什麼樣的機緣，使得台灣的蔬菜出現在泰國的賣場冷藏貨架上？

✦ 最重要的小事

第一次拜訪位於彰化田間小路旁的獨棟別墅，我在客廳見到了人稱「曼谷菜王」的鄭董事長，他倒起茶几上剛泡好的茶，招呼我坐下喝茶，一旁電視播放著新聞，鄭董開始訴說自己的故事。

鄭董以五金家具起家，早在一九九〇年代，台灣已有一波早期的南向政策。由於台灣工資逐漸上漲，吸引許多台商前往泰國投資；其中，鄭董就是當時第一批響應南向政策的其中一員，他放棄當時很多台商前往的中國而選擇了泰國。

初至泰國創業之路事實上並不容易，但也累積了不少客源和人脈。他偶然得知這些在泰台人所在意的一件「重要的小事」。原來，許多在泰國的台灣人，吃不習慣泰國的蔬菜，不只不習慣，甚至感覺難吃。

那是因為泰國氣溫炎熱，土耕蔬菜種植出的葉菜通常易凋萎軟爛或是口感粗糙；此外，泰國本地蔬菜品種也和台灣不一樣。「因為那邊的台商差不多快要二十萬人，啊那邊A菜、絲瓜、瓠仔、地瓜葉都跟台灣不同啊。」

原先希望在退休後過田園生活的他，想自己種自己吃，因此決定將故鄉彰化水耕蔬菜的技術引進泰國，殊不知愈種愈大片，甚至將台灣的蔬菜品種行銷到泰國市場。

原先我很難理解從事五金家具製造業的鄭董，為何跨界跨這麼大，經營起看似完全無關的農業。後來從他的談話中漸漸了解到，原來他是以經營工業的思維來經營農業。

「這水耕也算是工廠嘛，植物工廠。」

鄭董說道，他的經營理念很簡單，就是「計畫生產、大量生產，規模一定要夠大，種得少沒有魅力，人家不會理你；只要把品質顧好、出貨準時，客人自然會找上門。」

「因為泰國雖然沒什麼颱風地震，但常常有青公雨（急雨），就是像西北雨那樣，台灣的水耕這種溫室技術去那是真適合啦。」鄭董說。

事實上泰國確實有比台灣更適合發展水耕的環境，其中包括少颱風，有利於溫室的維護。水耕蔬菜溫室在台灣農村很容易遭受颱風的摧毀，在造訪台灣水耕重鎮彰化芳苑時，即聽聞當地的農民表示，一般水耕常見的錏管溫室幾乎每年經過颱風季都會被吹垮，但政府提供溫室修建補助金，許多台灣農民得以承受反覆重建溫室的成本，有時候，農民乾脆任其吹毀再來重建。當然，修復溫室工程也需要時間，修復人員一家一家修，很多時候也必須排隊。反觀泰國，因颱風較少，幾乎完全無需考慮溫室重建的問題。

另外，相較於台灣，緯度更低的泰國日照強烈許多，傳統土耕蔬菜經日曬容易乾而缺水，水耕蔬菜種植在溫室裡，躲開烈日，又有水分控制，賣相因此優於土耕蔬菜。除此之外，在社會條件上，東南亞整體的蔬菜、精緻農產品的需求增加亦為趨勢。但就算環境再怎麼適合，決定砸下重金從事像水耕這樣的設施農業總是需要極大的勇氣。

「當時我去請教台中農改場，那位博士問我們三個問題，你本來是做什麼的，有市場嗎？市場在哪裡？結果我就坦白回答，伊就說：『啊你都沒有就敢種這麼大片？』」鄭董笑著回憶起當時的場景，帶有一點驕傲，也顯示出他經營的霸氣。

光聽很難有體會，或許跟著實際做做看，能夠更加了解，因此鄭董建議我可以直接到農場看看。

✦技術都是同一套，複製搬移就好？

金色的陽光灑在農場的大水池上，波光粼粼，涼爽的微風拂過，這是在泰國的水耕農場特有的場景。當我還沉浸在眼前美景，農場中收菜組的員工們已經開始進行工作。蔬菜在太陽升起前採收是最理想的，因為日正當中，被陽光照射的蔬菜將會漸漸失去水份，不僅賣相較差，口感也較為乾粗。所以，清晨的黃金採收時間，必須分秒必爭。

「水耕就比較好管理，因為有營養液嘛，你就每天去巡，都有一個cycle在的嘛。」鄭董曾這樣說。

單就鄭董所說，乍聽之下水耕農園的日常工作大概很固定吧？似乎只是一套流程下去，照著SOP行事，植物工廠不就像是組合屋，同一套放到哪裡都適用嗎？然而，在農場的時間，很多時候我是跟著農場主人楊阿姨進行貼身觀察，才發現這一切似乎沒有這麼簡單。

楊阿姨是鄭董的太太，待人總是笑咪咪，眼睛經常笑成一彎新月的她，掌管起農場卻相當有威嚴。她協助鄭董掌理了大半輩子的工廠，在管理的藝術上可說是經驗老道，也有一套哲理和方法。整個水耕農場的決策權都在楊阿姨手中，平日除了在辦公室處理農場業務，其他時間大多都在巡視菜園，親力親為。戴著遮陽帽和袖套，走在菜園一排排的床架走道間，阿姨日常所為就是將營養不良的蔬菜幼苗拔除，或是徒手將菜蟲抓除。

一邊巡視，阿姨一邊說，這片菜園裡的一切，從零到有，事實上經歷過了很多轉變。最初技術確實是從台灣移植過來，但也請了專業的水耕技術人員駐廠一年，在泰國經過許多調整轉換，例如將菜苗移植過來，面臨和台灣完全不同的蟲害種類；當初使用的台灣除蟲藥，沒辦法直接套用，而是經過不斷試驗、嘗試，才找到治理的方法。

泰國的雨季幾乎每天下雨，不易受到淹水影響的水耕蔬菜農場，卻也一樣得隨著雨季的來臨而傷腦筋。潮溼的天氣加上水耕

水耕蔬菜農場一隅

床架底下長得飛快的雜草，使得農場出現了比平常更嚴重的蟲害問題。七月底的某日，農場辦公室裡楊阿姨正抱怨道昨夜凌晨三點就開始下不停的雨。

「最近下雨那種像針一樣的蟲子很多，它會飛，而且還會吃菜，菜都被牠吃得一個洞一個洞。」楊阿姨語帶憂愁地說道，感覺得出她的焦急。確實，最近農場中的飛蟲增加了非常多，昨日傍晚下班後也看到了員工揹著噴霧機在床架間逐排噴灑蟲藥。

對於水耕蔬菜園而言，蟲害可能是農場中會遇到的最大問題。因為飛蟲會吃菜，今天的出貨量只剩下上個月日平均的一半量。辦公室裡阿姨找來了泰國籍的場長Chalot大哥，討論怎麼處理這陣子幾乎失控的蟲害問題。

首先在設備上，阿姨吩咐Chalot在農場內多處放置從賣場購買的捕蚊燈來捕捉這些飛蟲；另一方面也針對除蟲藥進行一些調整。阿姨拿了前幾日從台灣帶回來的藥劑，一包「蘇力菌」是有機農耕常使用的除蟲藥，以及由苦茶油萃取的天然原料藥劑「哆咧唏」，交代Chalot拿去試試。

「Chalot啊，這個你拿去叫他們噴噴看，蟲太多了，菜都吃成這樣怎麼賣，這個要稀釋喔，這上面有說明書你看不看得懂？」

Chalot大哥，過去曾在台灣的果園工作過，也在台灣的工廠上過班，因此農事問題或農場設備修整，幾乎都難不倒他。Chalot在農場中是重要幹部，對於台商來說，他是非常難得的人選，因為他能夠聽得懂中文，又有台灣工作經驗，能夠直接溝通。

Chalot說這些老闆娘從台灣帶來的藥劑，在泰國找不到相對應的化學品。相較於台灣藥劑屬於短效期的，泰國的農藥大多藥性太重，對於需要符合認證標章的水耕蔬菜園來說並不適合。但台灣藥劑又不一定對泰國在地品種的菜蟲有效，這也是令人傷腦筋的地方。

討論完藥劑，Chalot拿出手機展示給楊阿姨，原來他自行上網研究發現了泰國當地的水耕種植社群。社群裡，農友們相互討論種植心得，也有人互相討論解惑。在泰國，投入水耕種植的農夫越來越多，因為政府農業部門持續推廣，以輔導鄉村地區農民，希望他們收入增加，另外由於國外的水耕設備商也陸續進入泰國，家戶水耕農的人數增加。在書店、農業展也都可以看到水耕相關的書籍。眼前難解的菜蟲問題Chalot也嘗試透過社群尋求幫助，之後還約了要去某處的農場參觀。

仔細想想台灣水耕菜技術在跨海的過程中，還真的有很多層面的調整，並不是一味複製就能成功，其中，蔬菜品種就是很好的例子。在台灣的水耕蔬菜當中，A菜大概是相當經典的主要菜種，一年四季你都可以在台灣的一般傳統市場買到「埤頭鄉農會」的水耕A菜，在北農這樣的批發市場裡，水耕蔬菜項目也僅有這一項商品。為什麼是A菜？原因和其口感特性直接相關，因為A菜本身就是一種含水量高的蔬菜，採用水耕種植方式使其賣相更鮮翠、口感也更加水嫩。另一方面當然也是台灣人普遍對於A菜的接受度高，像連鎖餐飲鬍鬚張的燙青菜就是使用水耕A菜。

但到了泰國，消費者對於菜種的喜好截然不同，泰國料理中常用的空心菜、芹菜、青江菜、芥藍菜，幾乎都不是原先台灣水耕蔬菜的主要菜種。因此台商到了泰國當地，為了適應市場的喜好，水耕蔬菜的種類也產生了改變。不同的菜種有不一樣的照顧方式，在包裝場裡，阿姨教我認識各種蔬菜，當挑選到芹菜時，才發現原本在台灣很好照顧的菜種，在泰國卻是相當難以照料，那是因為泰國這邊的菜蟲特別會吃芹菜，尤其又是在這個多蟲的季節。被蟲選中的芹菜株幾乎要拔除一半以上，阿姨一邊拔，心裡也一邊淌血。

不論是治蟲方法，或是其他蔬菜生產問題的解決方法，都是跨國技術移轉過程中，不斷嘗試調配的過程，這或許正是技術與社會之間的連結；或許像場長和阿姨這樣自行研究或試驗，看來可能非正規也不嚴謹，但那卻是水耕農場日常中很重要的一環。台商處在台灣與泰國兩國之間，透過兩個社會裡不同的技術，調和成一種適應當地的新技術。

✦生產者的最後一道，消費者的第一道……………

巡完菜園，我跟著阿姨進入菜園旁的包裝房，這時剛從園子裡收成的新鮮蔬菜被放在包裝線上，一把把、一片片經過精挑細選，最後封裝。在末端裝入大箱子前的最後一個動作是貼標，我好奇著這些標籤上標示了什麼樣的資訊。

「你如果沒有那個認證，他們不讓你賣，那個成本很高，而且每年要檢驗。」

楊阿姨口中的那個認證，指的就是泰國最重要的農產品食安認證標章——Q-MARK，在泰國百貨超市中顧客常可以看到各項商品伴隨這個標章。

在泰國蔬菜市場中，食安認證正扮演著某種關鍵的角色，會這麼說與泰國的農業現況關係密切。泰國蔬菜的農藥超標一直以來都是相當嚴重的問題，而泰國的水耕蔬菜相對於土耕蔬菜是農藥殘留量較少的產品，加上國家的產品認證（GMP、GAP），看得到產品履歷，也讓消費者放心買單。

根據我的訪談經驗，具有認證標章，通常是促使消費者願意選擇台灣水耕菜的第一因素。有些消費者甚至不清楚什麼是水耕，卻堅定相信眼前這個具有認證的商品，絕對會是品質良好的農產品。

泰國政府對於飲食健康的追求，以及解決食安問題上，有著實際的作為。其中以二〇〇三年泰國農業部開始制定的Q-MARK認證最為著名。

Q-MARK包含了食品安全的數個不同環節，例如加工過程的GMP（good manufacturing practices，優良生產規範）、類似生產履歷的GAP（good agricultural practices，優良農業規範）等，要求生產者符合特定標準，以確保從產地到餐桌的食物安全。Q-MARK儼然已成為市面上最主要的產品安全認證，消費者會依據Q-MARK做消費選擇，而它也成為了生產者能夠在通路上架、取得市場的要件。

泰國Q-Mark認證標章

食安認證，很顯然是台灣水耕菜為了融入當地、符合當地標準的一種策略。而台商們為了實踐這個策略，投入龐大金額的檢驗費，以及盡力去符合認證檢核的各項標準。有了Q-MARK的背書，等於被賦予「安全」的認證，以及標準化的生產環境和流程管理，加上本來就相對討喜的賣相，水耕蔬菜在泰國一直被視為「健康乾淨」的產品。

✦ 在台灣發跡，在泰國發展

3 異地生根台灣味：水耕蔬菜 × 泰國 × 台灣

趙于萱

三十年前，台灣開始推動精緻農業時，就奠定了水耕蔬菜技術的發展，隨著不斷研發和精進，台灣在世界性的水耕蔬菜展覽或研討會上往往佔有一席之地，反映了台灣在這種需要高成本技術的蔬菜生產方式上具有條件和優勢。然而，在台灣卻很少出現對於水耕蔬菜的市場需求。根據田野的訪談經驗，許多水耕菜農皆表示，台灣曾出現過水耕蔬菜對人體健康有疑慮的論述，這很大程度地影響了台灣消費者對於水耕蔬菜的接受度。然而在泰國卻不見這樣的論述影響。

泰國消費者對於水耕蔬菜的接受度相當高，有一個關鍵因素是，泰國水耕蔬菜大多在百貨超市中販賣，同時具備了食安認證。然而當初台商透過什麼樣的方式得以排除萬難進入到Big C大賣場？讓我們從二〇一一年的一起重大天災談起。

二〇一一年泰國發生了一起重大的天災，俗稱「曼谷大水」的淹水事件，因為連日豪雨導致大規模的洪水，淹沒了曼谷市以及週邊的城市。當時曼谷週遭的菜園皆以土耕為主，大水一來，所有菜園也遭淹沒。此外，連外道路也因淹水而中斷，在外界蔬菜無法進入曼谷市區供貨的情況下，曼谷市場上瞬間出現嚴重的蔬菜荒。不僅價格上漲了超過一倍，也因為大部分泰國蔬菜皆為土耕，淹水區域在水退去前，完全無法再進行栽種。

在這樣的情勢下，採用水耕方式耕作的台灣企業因此取得利基。一方面是水耕蔬菜園的特性，由於架高離開地表，不受到淹水影響；另一方面，農場所在地的春武里府，因為地勢高未有淹水情形，加上曼谷至春武里府之間設有高架道路，蔬菜貨源能夠不間斷送入曼谷市區內，台商遂在短時間內提供蔬菜給曼谷各大百貨公司及超市。

「如果不是那次水災喔，本來真的有打算收掉，不要這麼辛苦。因為，早期銷售量不夠大，成本又很高，其實真的很辛苦啦。」鄭董的媳婦陳小姐這樣說道。

這次天災讓泰國市場看見台商的水耕蔬菜，台商打出知名度後就開始與固定的通路合作。時至今日，台灣企業已然是曼谷大都會內，最大的水耕蔬菜供應商，提供曼谷市九成以上的水耕葉菜需求，一天高達八千包的出貨量，因此也獲得封號「曼谷菜王」。

二〇一一年的泰國大水災對於台商水耕菜市場的影響，是一個沒有預期到的結果。而這個事件，或許是讓整個市場能夠真正成功的原因。可以用「萬事俱備只欠東風」的概念來形容市場的形成過程，眾多因子彼此經歷過一系列不斷靠近的過程，例如台商的投資、政府的政策、技術的移轉等等，然而真正觸發市場中種種因子能夠成功連結聚合的，則是偶發性的因子——大水災，這就是偶發性因子的重要性。

✦「我們剛來的時候啊，看到 Big C 裡面有賣絲瓜，整個感動到不行！」

畫面回到這個故事一開始，在 Big C 百貨超市總部頂樓辦公室舉辦的重要會議。總體來看，通路方所提出的種種要求，反映出泰國水耕菜市場競爭的激烈程度正逐漸上升。不僅僅是因為泰國本地廠商的出現，台商原本領先且唯一的生產地位受到競爭；另一方面，泰國消費者對於台灣水耕蔬菜產品的認識和購買意願，也直接影響著台灣菜產品的銷售狀況。二〇一二年泰國水耕蔬菜市場出現本地供應商，其生產水耕沙拉菜為主，更推出即食免洗的沙拉包。近兩年除了沙拉菜之外，泰國廠商也開始生產葉菜類，甚至研發了台商現行主力產品的葉菜品項，對台商帶來威脅。

一對到泰國投資經營民宿的台灣夫婦，經常到超市購買台灣水耕蔬菜，他們這樣說道，「我們剛來的時候啊，看到 Big C 裡面有賣絲瓜，整個感動到不行你知道嗎？因為泰國這邊其他地方買不到啊！」

他們會想買台灣水耕蔬菜除了乾淨、沒土味，好吃，更重要的是品質好，即便價格偏高、產量也不多，他們卻仍願意持續購買，可見台灣菜種對於他們的飲食習慣而言，有著特別的意義。

「我們都固定每個禮拜去一次，把貨架上有的全部掃完，真的是有多少買多少。

有一次店員看到我們買一堆很驚訝，還問我們那是什麼，要怎麼吃，因為他們沒看過啊。我們就跟他說要怎麼炒、怎麼做。」

具有家鄉味道的台灣菜種絲瓜、A菜等，在異地相對稀少而罕見，因此見到這樣的產品讓來自台灣的消費者特別感到親切，蔬菜本身的口味與想念家鄉的情感產生了連結。然而，對於佔市場絕大多數的泰國當地消費者和其他在泰的外國人消費者，又是怎麼看待這些標示著「台灣」字樣的蔬菜產品呢？

泰國品牌即食水耕沙拉菜產品

TARIKAN是一位四十歲左右的家庭主婦，經常購買水耕蔬菜，主要是因為她認為水耕菜新鮮、安全、賣相好。進一步詢問她對於台灣菜種地瓜葉的看法如何時，她先仔細看了看地瓜葉，然後向我表示過去並沒有見過這種蔬菜，但賣相很棒，很吸引她，然而礙於對蔬菜種類的不熟悉，加上不懂得料理方法，使她遲遲不敢輕易嘗試。看到TARIKAN的困惑，我順便簡單說明了地瓜葉的料理方式，從TARIKAN頓悟般的神情可以感受到，她應該是躍躍欲試。然而令我更吃驚的是，包裝袋上其實早已用泰文標示了料理方式。

相對之下，其他國家的華人消費者，對於台灣水耕蔬菜有著更高的興趣。馬大叔是一名來自馬來西亞的華人，到曼谷經營印刷事業已有多年，這天和泰國籍的太太一起到賣場選購食材。看到他們將兩大包A菜放入購物車的瞬間，我便向前攀談。在我遞上名片後，馬大哥便親切地用中文和我對談，他表示過去曾在曼谷的台灣小吃店吃過台灣的水耕A菜，念念不忘，此後在百貨超市看到產品就毫不猶豫直接入袋，回家享用。

✦ ✦ ✦

畫面回到春武里的農場中，一雙雙正在不停包裝水耕菜的手，其中一雙就是我自己的。「兩千包、五百包、一百包、出貨！」看著手中的水耕菜，從種子、菜苗、到長成一株飽滿圓潤的菜，台灣菜在泰國的市場上持續地存在著。

我曾好奇在泰國的台灣水耕蔬菜，標榜著台灣，但它從生產到銷售都是在泰國進行，那麼究竟哪裡有台灣味？哪裡代表台灣？直到跟著台商的腳步進到泰國，找尋到了台灣菜，透過泰國的水耕蔬菜案例，可以知道台灣味從來不會是純正單一的，而是一個混合雜揉的展現。

PART II

原住民不只小米
穿梭過去與現在

4 高山的賭注
梨山×原住民×高山茶

賴思妤

✦記憶中的小米與果樹

二〇一六年的夏天，我搭著國光客運，再度前往海拔兩千公尺的梨山新佳陽部落，這趟出訪我想知道新一季茶園生長的狀況，順便拜訪部落裡的茶農。夏天的部落比起冬天多了點生氣，老人們坐在自家涼亭和樹下聊天，為了打發時間，我在部落繞了幾圈，卻找不到任何年輕人，像我這樣的外地人，走在小巷裡特別顯眼，每次被問起怎麼一個女生跑到山上，我總說我想關心部落，還有體會做茶的辛苦。

這回受訪者剛好下山辦事，我手裡拿著舊部落的照片，鼓起勇氣走進民宅找老一輩的泰雅人聊天。因緣際會，我拜訪了七十多歲的桑絡，他是新佳陽部落的泰雅

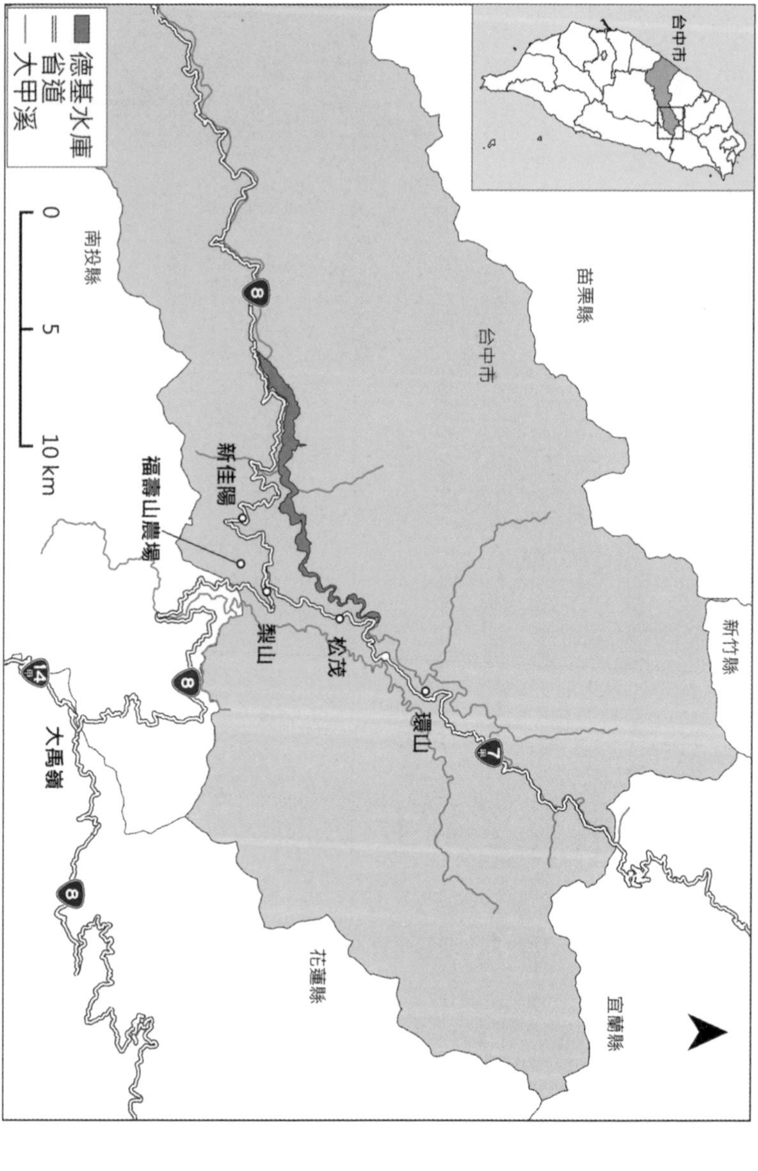
德基水庫
省道
大甲溪
0
5
10 km
台中市
苗栗縣
南投縣
新竹縣
花蓮縣
宜蘭縣
新佳陽
福壽山農場
梨山
松茂
環山
大禹嶺
8
7
14

人，也是在部落打拚半輩子的果農。他呼朋引伴請鄰居找出照片裡舊家的位置，照片勾起他們兒時在舊部落的生活和遷村的童年。

「你看，這是以前的老部落！」坐在我旁邊的長老指著照片。

「你怎麼會有這張？」另一位長老將目光轉向我，好奇問著。

「之前在查資料時找到的，這是民國五十六年的部落。」我趕緊把手上備份的老照片遞到長老們手中，他們如獲至寶般地笑了出來。

大家瞇眼看著黑白照片，相互指著照片中的老家，「小時候我們住茅草屋，我家住這裡，這裡是學校。」那天下午，部落裡多了幾個未曾見過的面孔，大夥兒國語夾雜著族語，對著照片指指點點的，還好有熱心的長輩幫我翻譯，讓我對部落有更多了解。

照片中，這個原本位於大甲溪河畔的聚落，因一九六八年興建德基水庫，國民政府將部落集體遷至台八線的上方，新聚落稱為新佳陽，泰雅語稱為YULU，意思是「多霧的谷地」。

我邊吃著桑絡從後院採來的巴梨，邊聽他分享小時候顧小米田時，用繩子串起空罐，抽動繩子嚇跑麻雀的趣事。「以前我們有種小米、地瓜和玉米，但是小米很難照顧，種的時候不能有雜草，而且很多麻雀會去吃小米，後來因為果樹價錢好，種了果樹就沒時間種小米了。」他突然起身走進家裡，不知要去做什麼。儘管山上沒種小米，但就我在部落的生活經驗，小米大多作為飾品掛在家門口或是客廳，此外，有關小米的歲時祭儀，幾乎都陳列在梨山文物館裡了。

還沒回過神，桑絡又從家裡端了一盤巴梨出來招待我，頭一次吃到巴梨，酸中帶甜的滋味很特別，忍不住問他們怎麼種的。一提到果樹，桑絡和在場幾位老人變得神采飛揚，像是專家一臉得意。

桑絡說以前新佳陽主要出產蘋果和梨子，蘋果的品種有五爪、金冠、蕙和富士，梨子則有橫山梨、巴梨還有雪梨等等，他靠在涼椅上向我說明種果樹需要疏果、套袋和採收，每一道流程都相當費工，有時即使請了工人還是做不來，需要拜託鄰居協助。

桑絡特別懷念一九七〇年代果樹的黃金十年，他提到當時果樹的獲利高到可以買進口轎車，甚至可以到都市置產，但是果園的勞動技術複雜且辛苦，有些族人不希望自己的孩子留在山上吃苦，便將小孩送到都市生活，自己則在山上打拼，最後在缺工或是無力管理的情況下，只好把土地包給平地人經營。原本在山上工作的族人因為年紀大，現在多半在平地生活，與家人團聚，夏天才回山上避暑。

我好奇問：「土地對你們來說不是很重要嗎？」老人家平靜地看著我，說了一聲「對啊！」之後便微笑帶過，話中似乎還有別的意思。其中一名老人打圓場說：「你是來找茶的吧？來這裡你賺到了，我們這邊的梨山茶很有名，而且是高檔的。」並示意我到部落上方找泰雅茶農喬伊。

在部落的飲食習慣中，偶爾會吃到樹豆湯、溪魚、或是醃生豬肉等傳統美食，飯後大部分的人家都有泡茶的習慣。除了「高檔的」這個形容詞，很少聽到族人對梨山茶有其他更多描述。

告別了族人們，我沿著部落的小路往高處走，路旁兩側有水蜜桃園和幾塊菜地，還有幾片波浪狀的茶園。又繞過了一個陡彎，我撇見幾棵枯萎的梨子樹佇立在新生的茶園中，其中一棵樹上掛著一顆乾癟的梨子隨風擺盪，再走近一看，這裡的梨子樹幾乎被砍到只剩下樹樁，還快被新生的茶苗遮蔽了。望著靜謐的茶園，聽著山風掃過茶樹的唰唰聲，伴隨著遠方傳來農機運作聲，走在這個路燈比人多的部落裡，被果樹和茶園包圍的我，不禁好奇這片如拼布般的高山農業景觀是怎麼來的？

✦ 轉作是轉機，或是危機？

後來，我拜訪了部落的返鄉茶農喬伊。個子嬌小的她志氣高昂，說起話來語氣堅定。原本在台北工作的她在父親過世後，毅然辭職返鄉接管茶園，同時她是社區發展協會的成員，常帶我找茶農串門子。

喬伊的母親是第一批遷村的泰雅人，她向我表示以前泰雅人的土地原則是「誰先開墾，就是誰的」，當搬到這塊地時，新佳陽幾乎種滿了果樹。她指著住家後方的森林和茶園周遭，訴說著過去在森林裡採集香菇和協助丈夫種植溫帶果樹的經驗，當時溫帶果樹產業日益競爭，她為了培育果樹特地和丈夫到日本學習嫁接技術。

梨山地區在日治時期就有種植溫帶果樹的紀錄，後期受到高山農業政策影響才開始大規模種植。一九四九年，國民政府撤退來台後，為了國防安全興建中部橫貫公路，又為了安置當時協助修路的榮民，退輔會成立

轉作中的茶園，陡坡上有幾棵乾枯的梨子樹和新生的小茶苗。

福壽山農場，輔導榮民發展高山農業，種植高冷蔬菜和溫帶果樹。一九五一年，政府陸續推行《山地平地化政策》，以期改善原住民的生活與經濟。後來，山地農牧局、農復會和台中農學院，率領技術團隊到山上推廣溫帶果樹的種植技術。往後幾年，溫帶果樹遍布梨山地區的環山、松茂、梨山、新佳陽等原住民部落，以及福壽山、大禹嶺等地。

一九六〇年中橫公路開通，梨山的經濟也因溫帶果樹產業和觀光業的興起而繁榮起來。在那個年代，上山務農是夢想的代名詞，只要肯付出、吃苦，就有機會致富，也因如此，不少抱著「淘金」想法的平地人聞風而至，包含福佬人、客家人，以及來自鄰近縣市的原住民族，北到基隆，南到屏東，其中從台中和宜蘭來的人占多數。

有次喬伊特地帶我拜訪當時的圓夢者——阿樹，他在年輕時獨自上山種果樹，後來舉家搬到梨山發展，現在是深受居民敬重的資深果農。他和我分享上山打拼四十多年來的故事，其他鄰居也來湊熱鬧聽著。

阿樹認為一路走來最重大的打擊是一九七〇年蘋果進口，當時蘋果價格不錯，山上的農人還沒有意識到進口蘋果帶來的衝擊，等到蘋果價格突然大跌，只好忍痛砍了蘋果樹。「砍蘋果樹再重新種梨子樹，後來平地高接梨興起，我又砍梨子樹種水蜜桃。接著，平地水蜜桃興起，衝擊到梨山的水蜜桃，我只好改種甜柿，現在就是種茶，每一次轉作至少都要投入八到十年，我的人生幾乎都投入在這裡了！」他瞪大雙眼激動說著。

我問他農人怎麼知道要種什麼？阿樹啜了一口茶，語帶憤慨說：「就是一直轉啊，這個轉作的辛酸要怎麼解釋？」我一時不知如何回應，腦袋卻不停想著「辛酸」兩字，「你聽過追起不追落這句話嗎？我們農人就是追起不追落！如果你追不到就不用做了，只要能賺錢，你叫我種什麼我都種。」阿樹一說完，在場經歷過這場噩夢的平地果農和泰雅果農們無不用力點頭。

除了受到進口蘋果的影響和平地水果的競爭外，一九九九年的九二一大地震，以及二〇〇四年的敏督利颱風，使得中橫公路暫緩通行，交通成本提高，也間接地降低行口上山收購的意願。二〇〇二年台灣加入世界貿易組織後，台灣溫帶水果更面臨進口水果的價格競爭。

交通成本提升、國外農產品的競爭和農業勞動人口減少，對務農者來說都是壓力，然而近年來最讓他們傷腦筋的是氣候變遷。坐在阿樹旁邊的泰雅果農特別提到農人靠天吃飯的辛苦，若是雨季沒來，果樹產期將會錯亂，甚至歉收，整年的辛苦便化為烏有。在收成的時候，若遇到颱風或是極端降雨，他們就要在短時間內集結親友上山搶收，如果來不及搶收，也只好任由颱風將果實打落，「你知道一夕間損失百萬的感覺嗎？」他說。頓時，我感到非常沉重，好像不小心挑起他人的傷心事。

阿樹接著補充：「果樹一年一收，茶葉一年三收，現在山上缺工，颱風又來攪局，種果樹行不通，只能選擇種茶，因為茶不怕颱風，茶葉體積小又輕，運送方便又不怕摔。」山上的農人和作物都在尋找生存的路，儘管他們毫無種茶的經驗，但為了生計，有的農人選擇放手一搏。山上其他有冒險精神的農民，得知鄰近的福壽山農場產的高山茶賣得不錯，他們便主動配合農會和茶業改良場的輔導，嘗試轉種茶。

近二十年來，梨山轉作高山茶成為趨勢，然而，茶並非原生於高山，也非原住民的傳統作物，茶產業如何在海拔高度兩千公尺以上的部落發展呢？

✦海拔越高，茶葉滋味越好

從大環境來看，台灣茶產地有逐漸高山化的趨勢。一九七〇、八〇年代台灣茶因海外市場縮減以及石油危機的影響，使得茶葉市場由外銷轉向內銷，同時，原本以外銷為主的北部茶園因快速都市化，生產成本增加，茶園面積逐漸縮減，新興茶園逐漸往成本較低的中南部山區擴張。

另一方面，一九八二年台灣省製茶管理規則廢除後，茶產業由大型茶廠的經營轉變為家庭式的生產，家戶不需申請茶廠經營許可，便可設立茶廠，自產自銷，此後，小型茶廠如雨後春筍般出現。為了方便製茶，茶廠通常設在茶園附近，在法規鬆綁後，茶產業也悄悄推進高海拔山區。

根據茶業改良場專家的說明，一九七〇年代海拔七百公尺的茶為高山茶，一九八〇年代最高的茶區是海拔七百五十公尺的鹿谷，到了後期海拔一千公尺以上才能稱作高山茶。由於高山茶產量少、滋味獨特，在商人的炒作下，高山茶園一路從鹿谷、廬山擴張到阿里山、杉林溪、梨山，最高曾分布在海拔兩千六百公尺的大禹嶺。

梨山茶屬於青心烏龍種，分布在海拔兩

部落裡的茶園一景，有些族人種櫻花樹以區別土地範圍，
右上角為採收過後的菜園

千公尺左右的梨山地區，訪談時，茶商常提到在茶葉生產製程順利的情況下「海拔越高，茶葉滋味越好」。梨山茶獨特的滋味主要受高海拔環境影響，台灣位於亞熱帶氣候區，外加地形上極大的高度落差，造就產茶獨特環境，其中溼度高、土壤微酸、排水良好的坡地適合茶葉生長。海拔越高的山區茶樹生長的速度越慢，茶樹長出厚實的葉子以抵抗寒冷，也因如此，高海拔地區茶葉彈性佳且耐泡，蘊含的兒茶素和苦澀的成分較少，喝起來順口且回甘，和低海拔的茶葉味道有別。

海拔越高的山區茶葉產量愈少，在一九九〇年代末期，不少平地茶商和茶農紛紛到梨山投資茶產業。部落裡資深的平地茶農阿昌，認為雖然梨山茶成本較高，但他樂觀判斷高價稀少的商品反而有機會轉攻高端市場。

在農糧署的統計中，二〇一〇年的梨山茶產量佔台灣茶產量不到百分之二，但過去十年間茶園產量卻增加八倍之多。近年，由於國有林地的管制趨嚴，政府積極收回國有林地上的菜地、果園或茶園，後期開發的茶園便往原住民保留地集中，而梨山地區的茶園主要集中在海拔較高的新佳陽部落周圍。

在高山茶市看好之際，梨山茶在茶市上一度供不應求，根據《商業周刊》報導，二〇〇九年曾有陸企以八億台幣收購當季的梨山茶，然後以更高的價格轉售，此外，在這波搶茶大戰中，新佳陽地區也逃不過他們的野心，喬伊憶想那段搶茶的期間，陸企想包下部落的茶園，委託平地茶農代為管理，泰雅地主可以收到兩百萬以上的年租金，這筆地租足以讓他們過著清閒的生活，但當時他們認為「土地是祖先留下來的，如果都被別人包走了，要怎麼活？」於是經部落會議討論後，反對租地，保留原來的耕地。

然而，「出租土地」的這筆錢對於某些族人來說卻是重要收入，早在一九七〇年代，梨山地區的泰雅人已有出租土地的記錄，在這波轉作的影響下，部分留守土地的族人因為沒有能力繼續管理果園，加上年事已高、缺工或是因為果樹老化等原因，迫不得已將僅留的土地租給平地人經營，以至於部落內僅有少數人實際投入農務。

某次我借住在長老家，其他鄰居也來湊熱鬧，長輩們偶爾關心我訪談的狀況。我簡單分享對部落產業的感想，「覺得真正在部落的人不多……」話還沒說完，有族人插了一句「外地人拼命地利用土地賺錢，都把錢賺走了，沒有回饋社區或梨山，而我們想要發展卻又受到限制。」當國內高山茶市場熱絡時，這個面臨人口嚴重外移的泰雅部落，要如何在這新個興產業裡調適呢？

✦孤注一擲的決定

二〇一五年，二月，冬夜，圍著烤火，部落的族人和我聊起種茶的往事，身為果樹達人的他們認為轉種茶是瘋狂的決定。喬伊的父親阿諾是梨山第一個種茶的泰雅茶農，一九九五年，阿諾決定要砍果樹種茶的消息震驚了族人。喬伊的親戚們表示當時種植果樹的利潤不錯，大家都覺得阿諾一定是瘋了才改種茶，喬伊也激動著說：「那時全村的人都認為我們家瘋了！」當時，阿諾認為茶葉經濟價值高，又具保健功效，果樹產業轉型勢在必行，於是不惜投資大筆經費建茶廠和整地種茶。

對原住民而言，種茶並不容易，需要重新學習茶園管理的技術，也需要取得足額的週轉金，為了種茶，阿諾派工人砍除種了三十多年的果樹後，另外從外地請怪手挖除果樹的根系，將坡地整平，同時翻攪底層的石塊，排列成階梯狀作為水土保持用，接著到森林裡尋找水源，埋設水路管線，最後才種下一批新茶苗。

一般茶苗從種植到採摘至少需要三年的時間，為了熬過沒有收入的三年，喬伊一家人靠著另一塊小果園勉強度日。喬伊回想父親種茶的前幾年，利潤不錯，部落的族人和平地人看到阿諾轉作成功也躍躍欲試加入種茶的行列。

對新手茶農來說，種茶就像在賭博，需要承擔極大的風險，山上轉種茶成功的案例，多為經驗老道的平地茶農，部落裡成功種茶的原住民算是少數。在我所拜訪轉作過的茶園中，曾看過一些被茶農們列為失敗的案例，部落裡有一塊茶園總是坑坑疤疤的，和其他蔥鬱的茶園有極大的落差。那塊地曾經種菜，在土壤裡添加石灰，因此土質偏鹼性，不利茶樹生長。

然而，有茶農堅持挑戰菜地不能種茶的原則，有一回我踏入茶園，腳踝已陷入土中，差點跌坐在無精打采的茶苗上，因為該地的茶農為了改良菜地的土壤，加了很多有機土，期待發育不良的茶樹能適應，但聽說實驗四年都沒有起色。

另外，有些茶農雖有心種植，但是茶園坡度太陡，以至於不易管理，最後宣告放棄，而有的則是因為茶園受到鄰近果園農藥隨風擴散的影響，放棄種茶因而損失千萬。

在知名的茶區，茶園管理不論成功和失敗都會被其他茶農關注，這也讓返鄉接手茶園的喬伊更謹慎對待父親留下來的茶園。喬伊採自然農法管理茶園，茶樹間布滿了野草，像是車前草和開著黃花的銀耳菊，她一邊沿著坡坎梳理茶樹的枯葉，一邊和我分享返鄉種茶的心路歷程，「那時有一個月整天待在茶園裡不知道要怎麼種茶，後來到茶業改良場，上了兩年的茶葉課程，請教很多人才比較懂。」我想起她擺在茶室裡的獎狀和茶葉品鑑的證書，看來喬伊對茶園管理得心應手了。但是有關製茶，對她來說仍停留在摸索階段，她曾上過課也向師傅請教，嘗試幾次實作卻抓不到訣竅，最後她認為製茶技術「光是看，是看不會的」，需要交給專業的師傅。

✦文化的隔閡，製茶的困境

後來我在另一位返鄉泰雅茶農阿布身上得知，製茶也是他遇到最大的困難之一。阿布擅長土木技術，曾做過台中綠園道景觀工程，因為父親年紀大了需要人手，土地也是自己的，評估茶產業的發展性後，阿布決定返鄉接手家業。

我問阿布為什麼可以接受返鄉種茶，是否因過去曾有務農經驗？「沒有耶，要說種東西的話，只有以前種過行道樹吧！」阿布露出靦腆的笑。眼前這位膚色黝黑、雙眼有神的青年，說起自家的茶信心十足。他和我分享，先前有日本人和一些國外的茶農指定參觀他的茶園，並對他的茶園讚許有加，坐在一旁的妻子聽了喜孜孜地笑。

不過踏入茶產業對阿布而言隔行如隔山，過程中有許多過不去的檻，「之前有幾次特別向老師傅學製茶，但最讓我挫折的地方就是卡在聽不懂台語的術語，這種挫折就像以前我們原住民在都市讀書的感覺。」他皺著眉表示，師傅們大多用術語溝通，聽不懂也沒辦法摸索，只好放棄自己製茶，另外花錢聘請師傅做茶。

每次我聽到茶農的辛苦處時，都替他們感到擔憂。阿布看我專注地聽著又繼續說：「做茶沒有很厲害沒關係，至少要會品茶。因為品茶可以挑出茶葉在製作過程的缺失，可能是走水（脫水）不夠，也可能是揉捻不夠，要和師傅溝通，做出屬於我們的好茶，我一直在努力這一塊。」

阿布的另一個身分是社區發展協會的理事，對部落議題特別關心，他向我坦言返鄉後他發現部落經歷著人口流失，荒廢的國小、緊閉的教堂、雜亂的廣場，都需要整修一番，他將過去從事營造業寫計畫的經驗應用在社區發展上，申請計劃以改善部落的軟硬體，一方面為部落未來發展觀光做準備，另一方面藉此凝聚族人的情感，吸引部落青年返鄉。當時，社區發展協會成員們為了實現將茶與文化產業結合的願景，他們曾對此進行多次的發想和計畫，但最後礙於部落的人力資源有限，難以藉由社區計畫鼓勵族人投入茶產業和觀光產業的勞動環節，部分社區計畫因而延宕或作罷。儘管社區發展的進度走走停停，但對阿布和其他成員而言，山上的生計才是最重要的事。

✦忙碌的季節，關鍵的時刻

對茶農們來說，茶季是關鍵時節，採茶開始的時候，他們會緊繃著臉，寢食難安嚴厲監工，並提醒我盡量不要去找他們，但很幸運地有少數茶農願意讓我觀摩。

五月，接近母親節的時節是春茶季，新佳陽部落熱鬧無比，貨車和名貴的轎車不斷往返於部落與茶廠之間。部落裡除了回山上休息的族人外，大多是從其他茶區來的茶農、製茶師、茶商、採茶工與等著收購毛茶的茶商。

清晨五點半，天色微亮，三十位採茶工早已動身前往茶園採茶，他們平均年齡五十左右，有來自竹山、鹿谷、阿里山的阿姨、伯伯，也有外籍配偶的身影。當採茶班長一聲令下，他們手持刀片眼明手快地將一心三葉的茶菁取下，收入腰間的麻袋裡，每採九十分鐘聽從班長的指揮，排隊卸下麻袋秤重。這是一個搶時間賺錢的工作，為了降低工作的乏味感，有人播著流行音樂大聲歌唱，有的則是邊抱怨梨山茶區遠，坡又陡，比阿里山的茶還難採。但不論如何，他們的快刀手從來沒停過，因為茶農和班長偶爾會到茶園監工看誰偷懶，看誰偷吃步多摘幾段茶梗增加重量。每隔一個階段，新鮮的茶菁會透過流籠或貨車運到茶廠加工，為了配合製茶的時間，採茶工片刻不休的工作直到下午四點。

梨山茶的製程需要經過日光萎凋、浪菁、靜置發酵、殺菁、團揉和乾燥等繁雜工序，每一批茶從採摘到製茶完成大約需要一天的時間，山區的氣候多變，師傅們在每個製程中會特別留意不同濕度、溫度下茶葉的變化，並依照資深師傅的指示進行微調。深夜十一點的茶廠，茶農偶爾來監工，確認茶葉的味道，我拿著相機紀錄茶農們口中的「看不會的製茶技術」，一邊研究著製茶的機器。這裡的製茶師從竹山、松柏坑、杉林溪等地來，他們隨著製茶團隊上山，順著不同海拔的茶季，從中海拔做到高海拔的茶區。製茶分為茶菁組、炒茶組、團揉組，每組大約三到四人，輪班上工直到當天最後一批茶製成。

隔天中午泡茶室是最熱鬧的地方，因為緊繃已久的茶農、疲累的製茶師和精明的茶商們早已迫不及待試喝前一晚做的茶。此時，泡茶室裡的氣氛有點詭譎，期待中帶點凝重，有茶商試喝完向茶農和製茶師表示有澀味，接著挑起葉片來看茶梗是否符合標準，然後對茶評論一番。坐在我旁邊的茶農向我提到：「如果茶葉做得好，茶商就會搶著買，最怕做不好的茶賣不掉，如果天候不佳，茶葉做不好也只能自己承擔。」我進一步問他梨山的師傅大多從外地來，萬一沒做好茶要怎麼辦？「所以我們也需要給師傅摸索的機會，承擔那樣的風險。」他語重心長地啜了一口茶。

◆原民風的茶

挺過了製茶的壓力，茶農們卻一刻也不得閒，假如沒有將茶順利變現，便難以再投入新一季茶的生產，儘管他們或多或少早已習慣面對經營的壓力，但在訪談時，不少茶農對銷售問題深感焦慮，有的甚至請我想辦法幫忙賣茶。

4 高山的賭注：梨山 × 原住民 × 高山茶

賴思妤

在一次茶業產銷會議上，阿樹、喬伊和其他歷經轉作的茶農面色凝重討論當前的「產銷亂象」，他們紛紛表示一方面受制於中國的禁奢政策，使得原本海外市場縮水，另一方面，假茶的消息影響國內消費者對茶葉品質的信任。

我在田野的這段時間，食安問題在媒體報導上正鬧得沸沸揚揚，當時報導梨山茶有「假茶」，有商人將低成本的茶和梨山茶混裝，出售賺取價差。無奈的是，梨山的茶農沒辦法管控批發茶葉的流向，他們為此感到憤恨不平，於是準備提出所有茶葉的農藥檢出報告和產銷履歷的細節，極力證明茶葉的安全性和真實性，「現在產銷供應鏈整個亂掉，逼得農民得出來行銷。」喬伊憤憤不平地說。

為了挽回消費者的信任，茶農們嘗試擺設茶席，推廣自產的梨山茶，二〇一六年二月我自告奮勇擔任茶席工作人員，當天有觀光局的長官來訪，茶家們謹慎地布置茶席。現場宛若比武大會，六桌茶席分屬不同茶家，在梨山賓館前一字排開。茶道講求意境，泰雅茶農們又要如何營造這種抽象的氛圍呢？

我趁洗茶杯的空檔到處晃晃，茶席上茶家們一身唐裝，笑而不語，莊重而不失優雅地泡茶，桌上特製的柴燒茶具、花藝擺飾和竹藝桌墊散發著中華文化的古典美，斟滿茶的杯子冒出白煙，頗有禪的意境。茶席中有兩個布置著泰雅圖騰的桌巾，分屬於喬伊和她的表弟，她身穿部落工藝師特製的泰雅背心和頭飾，茶席上擺了部落的「報喜靈鳥」貓頭鷹裝飾，而成為全場焦點。

另一位泰雅茶農阿布也曾參加在梨山賓館前的茶席，「那次印象非常深刻，我穿傳統服飾拍完大合照，市長還特別來跟我握手。」他得意笑著。然後，我問他為何市長會找上他，「可能我穿著原住民服裝吧！我沒辦法和他們一起穿唐裝，我穿唐裝能看嗎？」他的音量突然拉高顯得彆扭。「是覺得怪嗎？」我好奇問，「穿原住民的服裝比較自在，賓客會注意到我和其他人不一樣，這讓我有機會向他們介紹我的茶。」他客氣地說。

聽阿布這麼說我才意識到平日梨山的居民都穿工作服或居家服為主，相處時不太會強調族群差異，但在特別的茶席場合中，族群的界線霎時變得清晰。然而，茶並非原住民的傳統作物，泰雅文化中也難以找到茶葉的線索，因此，在克服產茶和製茶的困境後，對泰雅茶農來說，最大的挑戰是零售茶葉。

✦跨越傳統與現代

除了展售現場的傳統服飾和黑白紅圖騰裝飾外，有些泰雅茶農嘗試跳脫傳統框架行銷梨山茶。茶葉的包裝象徵品牌意象，傳統制式的包裝大多印上書法字體的梨山茶，配上雲霧或花鳥的圖案，有平地茶農還為茶葉冠上清新脫俗的名稱，而有些重視行銷的泰雅茶農則嘗試跳脫制式的包裝，另闢蹊徑。我曾見過包裝上印著帶有現代感的原住民圖騰，或是印上台灣黑熊、水鹿、山豬和貓頭鷹，還有泰雅族的占卜鳥——希力克鳥，每種動物代表不同風味的茶，這些茶葉包裝圖案皆有別於傳統的黑白紅圖騰。

有次我和阿布一家人喝著熱茶，討論不同產季的茶可以取什麼名字，阿布提出了「勇士茶」的想法，但不知道要怎麼把他的想法和茶完整結合，一陣腦力激盪後，我們覺得頗有難度。原住民文化可以幫茶加分嗎？我忍不住對阿布提出了這個疑惑，「這個問題我沒有認真想過，不過我想把三季的茶分別取不同的名字，作為代表原住民的茶。」他說。

為了設計茶葉的新文宣，泰雅茶農不斷回想自己在部落的生活經驗，從小時候到山裡幫忙採收香菇，學生時代協助果樹套袋、採摘，直到現在成為茶農，祖先留下來的土地和他們一直連結著。「我們是最懂自己土地的人。」有一次喬伊在和我討論茶葉時這麼說。他們嘗試克服行銷困境的同時，也正重新思考自身的文化價值。

✦ ✦ ✦

茶農歷經茶園管理、採茶與製茶的三個茶季，一陣忙碌後，部落又回到平靜。這個人口逐漸外移、文化流失、歷經轉作與大量外人投資，活力漸失的部落，在二代泰雅茶農努力下，部落經濟在原漢茶農的合作和競爭中出現了新的可能，返鄉的泰雅茶農持續摸索種茶、賣茶的方法，同時在異文化的茶葉市場中尋找自己的定位。

離開梨山幾個月後，我從新聞得知喬伊的茶在國外獲獎，又過了一陣子，我在社群網站上看到一部來自新佳陽部落的短片，片中紀錄著由觀光局和部落合辦的茶鄉小旅行，遊客們品嚐著產自部落的梨山茶，和部落婦女準備的泰雅傳統美食，接著和長老們學習設陷阱和工藝等，我看見喬伊和族人們開心忙碌的模樣。

雖然茶不是泰雅族的傳統作物，但在高山農業複雜的轉折中，卻意外成為部落行銷的亮點。不知道下次的部落小旅行是何時？或許下次部落族人熱情喊著「上山喝茶」時，品茶不再只是追求高山茶特有的清香味道，而是可以體認到一泡好茶的背後，有一群泰雅茶農正努力突破既定的文化框架，透過茶向人們訴說他們的故事。

5

將苦澀與香醇置於一口
屏東泰武的原住民咖啡

張宇忻

二〇一五年十二月，喝過不少咖啡卻沒看過咖啡樹的我，第一次來到屏東泰武。冬天正是當地咖啡採收的季節。帶我上山的是郭大哥，他是泰武部落的排灣族人，在泰武鄉的消防隊擔任分隊長，剩三年就要退休的他，經常和我談起部落未來發展和個人事業的規畫與想像。他整個家族的咖啡園面積加總起來有十幾公頃，二〇〇九年莫拉克風災後，他曾擔任社區發展協會的理事長，說起咖啡產業的發展歷程，總是有很多故事可以分享。

從山下的吾拉魯茲部落到山上的咖啡園，開車至少要四十分鐘的車程。平時因消防隊的值班需求，工作時間較長，這天好不容易利用業務會議提前結束的空檔，專程帶我上山到咖啡園開開眼界。

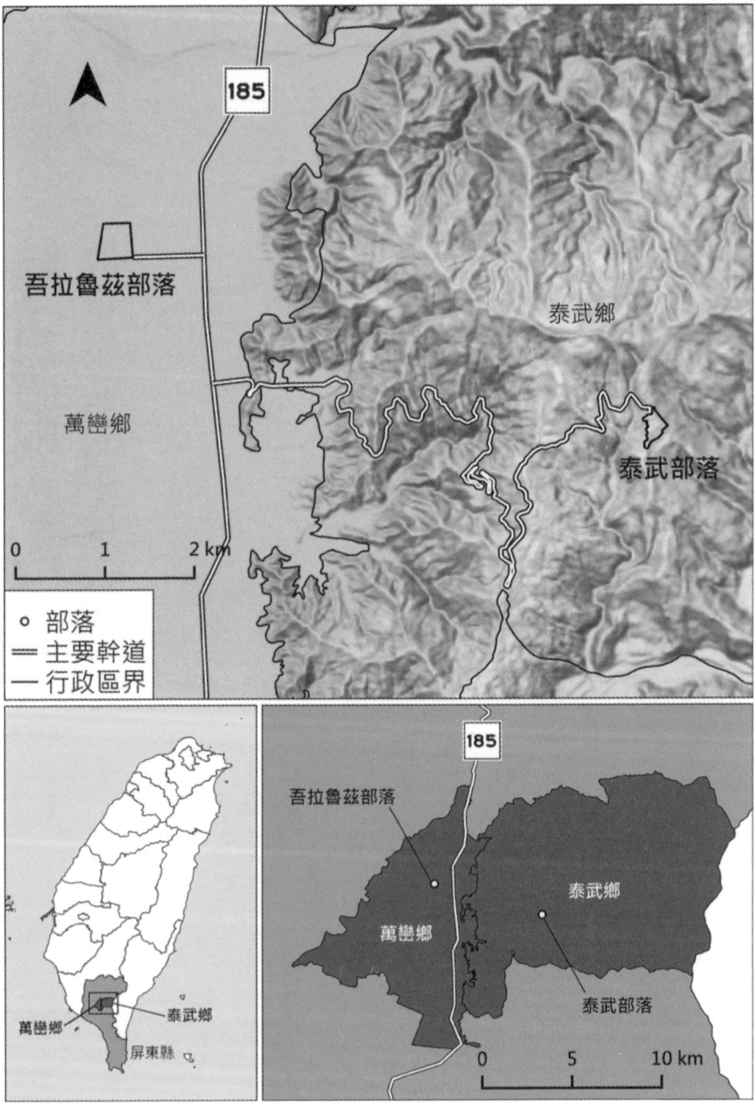
185
吾拉魯茲部落
泰武鄉
萬巒鄉
泰武部落
0
1
2 km
部落
主要幹道
行政區界
萬巒鄉
泰武鄉
屏東縣
185
吾拉魯茲部落
泰武鄉
萬巒鄉
泰武部落
0
5
10 km

5

將苦澀與香醇置於一口：屏東泰武的原住民咖啡

張宇忻

這天上午，我們約在大哥家門前的部落廣場，他隨手從家裡為我抓了頂遮陽帽，拿了個塑膠臉盆，便說可以出發了。為了把握時間，我跳上小發財車上的副駕駛座，準備對大哥進行一場公路訪談。雖然早列好了訪綱，但蜿蜒的山路、窟窿的路面，卻讓我亂了陣腳，尤其是發財車加高的設計，讓整段路程感覺起來更加顛簸。別說要做筆記，就連有時要拿出訪綱對照，視線都難以對焦。

從海拔五百公尺左右的路段開始，蜿蜒山路旁開始可以見到結實纍纍的咖啡樹，「快要到了嗎？」我問。

山路崎嶇，車子左搖右晃，筆記本跟著從我腿上滑落，顧不得筆記本，我的右手緊抓著車窗上方的握把。沿路上，只要看到機車停在旁邊，郭大哥都能一一點名，告訴我那是某家的誰誰誰。他總會按上幾聲喇叭和他們打招呼。

「是不是被猴子吃光了啊？」

「那麼認真喔！」

原本正在採咖啡的大姐，停下手邊工作，站在山坡上和我們揮揮手。

「偷懶的時候，當然不會被你們發現啊。」大姐如此喊回來。

雖然有時看不到樹叢中的人影，但也可聽見樹林中傳回來此起彼落的說笑聲或吆喝聲。在經過路口的雕刻牌坊後，就正式進入了莫拉克風災前，族人生活了五十年的舊部落。從部落入口放眼望去，周遭的山坡地上都種滿了咖啡。整個部落沿山勢而建，坡度落差之大，使得貫穿部落的水泥舖路看起來就像是一具巨型溜滑梯。

來到大哥的咖啡園，發現園裡不只有咖啡，還有以前造林留下的大樹，為咖啡提供半遮陰的環境，也兼具水土保持的作用。咖啡樹的枝條和葉片間距乍看之下有些稀疏，不過一顆顆咖啡正填補了葉片間的縫隙。環狀生長的咖啡果實跟結穗的稻米有異曲同工之妙，因為重量讓細長的枝條呈現下垂狀。要不是果實鮮豔飽滿，還真容易讓人以為這棵咖啡樹生病了。

冬天是咖啡收成的季節，咖啡樹的枝條下垂，上面掛著一顆顆的咖啡果實

為了採收方便，農民們會靠修枝來控制咖啡樹的植株高度，但也因為植株和人差不多高，行走在咖啡園中，並不如想像中容易。因為坡地造林用的喬木、還有坡度等因素，使得咖啡植株的位置與間隙沒有一定的秩序。有時預留的樹距比不上咖啡的生長速度，加上缺乏修枝，走在咖啡園裡，經常一不小心就被枝條戳到。加上屏東山區多頁岩，傾斜的坡地上布滿碎石，更讓我這樣的菜鳥在咖啡園裡，走起路來舉步維艱。

◆奶奶留下的咖啡樹

根據許多歷史資料和大多數族人的說法，咖啡真正較具規模在台灣出現，可回溯至日治時期。現在的墾丁植物園及森林遊樂區，其前身是日治時期於一九〇二年設置的恆春熱帶植物殖育場，以作為當時南台灣咖啡育苗、種植的重要基地。該時為了因應日本國內咖啡需求量的增加，台灣咖啡的種植面積與產量迅速提升。一九四二年，全台灣的咖啡種植面積甚至高達九百六十多公頃。

「從這裡再進去，開車還要一個小時左右，海拔一千公尺左右，那裡也有我們家的咖啡園。」郭大哥在喬木之間的空隙裡找了一個角度，指著對面的山頭。順著他手指的方向，隱約還可以看到一條順著山勢往上的道路。

「這都要感謝我的奶奶。」他說。

原來是日治時期，日本人在部落附近的北大武山稜線上，設立了一個試驗所，主要種植金雞納樹，用來製作治療瘧疾的藥物奎寧。但除此之外，他們也在試驗所周遭種了很多的咖啡。

在當時，為日本人服務是義務，他們會要求部落裡的族人從事各式各樣的工作，不論是幫忙送信、站崗，還是農務。這天，一位排灣族少女來到日本軍官的家，協助家務清潔的工作。少女因為在學校的成績表現優秀，才有機會被安排到這份工作，進入日本家庭。在軍官的家裡，少女第一次看到原來族人平常負責種植、採收的咖啡果實，會被日本人製作成一種飲料。而且熱咖啡所散發出的香氣，是如此撲鼻迷人，雖然沒有機會品嚐，也不懂得咖啡該如何加工製作，但這焦香而濃郁的味道，早已深深烙印在少女的腦海中。

隨著太平洋戰爭爆發、日軍戰敗撤退，對台灣咖啡的產銷無疑帶來重大影響。從農業年報的統計數據，就可以看到一九四三年後台灣咖啡的產量逐漸降低。由於農民缺乏咖啡的加工知識與技術，加上失去日本國內的咖啡消費市場，因此農民對於咖啡生產的態度轉為消極。原住民社會裡本來就沒有飲用咖啡的文化，加上台灣咖啡在國際市場上，品質、成本、產量都缺乏競爭力，於是國民政府後來便頒布了「不禁止、不鼓勵、不補助」的三不咖啡政策，有的族人選擇放任咖啡恣意生長，有的人則是砍掉咖啡樹，轉作其他經濟作物。

十幾年過去，當年的少女已經嫁作人婦，她的先生幾經考慮，決定把家族土地上的咖啡樹砍掉。婦人回憶起咖啡那迷人的香氣，只有日本人才品嚐得到的咖啡是多麼珍貴。於是她說服先生，特意保留了其中一塊咖啡園，希望有一天，自己有機會品嘗到這迷人的滋味，咖啡的價值也能被重新看見。故事中的少女，就是郭大哥的奶奶。

雖然部落裡沒有人將咖啡作為生計來源，但因為山上有些野生動物會以咖啡果實作為食物，種子再隨著排泄重新進入山林，所以咖啡在屏東的山林間依舊生生不息。部落裡目前五六十歲的族人，都跟我說咖啡果實是他們小時候的免費零食。「摘下來就可以吃了啊，吃完吐在路邊，它自然又會長出來。」大哥隨手摘了一顆暗紅的咖啡果放入口中，接著把籽隨手一丟，我也跟著有樣學樣。雖然果漿只是薄薄的一層，但甜甜的滋味卻讓人忍不住一顆接著一顆。

過去，咖啡之於族人來說，可能稱不上所謂的高經濟作物，對加工技術也一竅不通，但咖啡卻以另一種形式，與族人的日常生活和記憶產生了實實在在的連結。

直到十多年前雲林古坑咖啡在國內造成搶購風潮，屏東原鄉的咖啡農才重新發現機會，那些原本在族人眼中沒什麼特別的咖啡，為了填補古坑咖啡產量的不足，以補充豆的姿態再次進入市場。

✦風雨中的八八節

就在部落越來越多人重新發現咖啡的市場價值，陸續決定投入咖啡產業之時，二〇〇九年八月初的莫拉克颱風，造成包含泰武在內等許多部落，面臨遷村或安置的困境，當地的咖啡產業也跟著一度停擺。

來到山上的咖啡園，正當我還沉浸在咖啡採收的喜悅時，遠方卻傳來類似鞭炮的聲音。不過仔細一聽，又像是施工打石的硿隆聲，音量不大，卻也持續了十多秒。直到口袋、帽子裡都塞滿了咖啡豆，工作告一段落，郭大哥才告訴我們，剛剛的聲響是來自對面一座山的落石，可能是因為前一天下了場大雨，土石表面變得脆弱所造成。

不知是否因為聯想到新聞播報時，各種土石流威脅人身安全的畫面，自此之後，拜訪田野時，偶爾碰上雨季或颱風過境，只要經過邊坡有護網或落石的路段，以機車作為交通工具的我，總會不由自主催下油門加速通過。

過去豪雨所造成的落石、泥流、瀑布，對於長年住在山區的原住民來說，或許早已習以為常，然而在經歷過莫拉克風災的肆虐後，不論是族人還是政府相關單位，面對天氣的各種變化，總是不敢大意。

莫拉克風災後，原本位於海拔約七百五十公尺的泰武（Kulaljuc）部落，因為被核定為安全堪虞的地區，居民只好暫時搬遷至忠誠營區。二〇一〇年八月，莫拉克風災後一年，在政府和紅十字會的主導下，族人陸續搬遷至距離原部落十七公里左右的台糖基地，延續其過去的排灣族名稱Kulaljuc的發音，將新部落直接命名為吾拉魯茲。

然而並不是所有人都遷入吾拉魯茲。這天，我就拜訪了一位仍選擇住在山上舊部落的阿姨。她和老公用族語和中文交雜溝通著，拼湊起颱風當晚的記憶。原來山上常下雨，一連都下好幾天也算是稀鬆平常，所以大家起初並不以為意。

「那個時候爸爸節，我們都在家裡給他（老公）過節，雨下很大，就忽然間停電，還好我們有發電機還可以用。」她說。

直到晚上聽到對面南大武山土石崩落的聲音，才知這次的颱風威力不可小覷，阿姨甚至形容那聲音就像打仗一樣聲勢驚人。天亮後更發現土石流竟長達幾公里，且泰武國小的地基下滑。

「我們不知道那麼嚴重啊，第二天早上一看，我們村莊小學那裡變那麼大。」阿姨邊說邊把手伸到頭頂上方最高處，只為了讓我比較好想像地面落差一層樓到底有多高。

「那時候我奶奶還在，她真的是嚇壞了，她說她不要再住在那個地方了，所以我就把她接去潮州。她說她一輩子沒有看過這個情形。」坐在一旁的郭大哥忍不住補充。

新舊部落的距離相聚大約十七公里，騎車至少要花上四十分鐘的時間。為了照顧、管理在山上的咖啡園，搬遷至吾拉魯茲的族人們，在交通上需要付出比過去更多的油資和時間成本。過去

往返泰武新舊部落的路沿著山勢蜿蜒，
有些路段的路面也因邊坡落石而造成顛簸凹凸

只是咖啡運送到市場不易，如今卻連每日農務都必須克服交通距離的障礙。

四十分鐘的路程，感覺或許不是太遠，但部分顛簸蜿蜒的路段，讓我每次都面臨不同窘況，有時機車引擎過熱發不動，又或者自己的雙手發麻、屁股發疼，實在很難想像族人如何能夠每天往返吾拉魯茲與咖啡園之間。加上族人的土地大多集中在舊部落週遭，在遷村之前，有的人只消徒步即可到咖啡園工作。如今這樣遙遠的路途，對於需要上山到咖啡園工作的長輩來說，在時間、體力上其實都是不小的負荷。因此我對於族人在災後，並沒有放棄以咖啡作為生計的現象感到好奇。

✦距離不再只是障礙，也是回家的路

空間距離經常是原住民農業發展最大的障礙，「甜柿今天摘、明天賣不掉、後天就會枯。」加上族人難以取得知識技術，不了解市場趨勢，作物要進入市場實在不容易。「但是，咖啡，你只要製造得宜、儲存得宜，時間即使經過很久都可以使用。而且路途雖然遙遠，但是咖啡是日夜溫差越大越好，海拔越高越好，這是一個翻轉的機會啊，我們為什麼不善加利用？」

因為永久屋分配、山下生活適應不易的問題，仍有少部分族人選擇住在山上。

對於曾經生活在舊部落，但災後搬遷至山下的族人來說，每上山一趟就像是回家一次。除了在咖啡園裡工作，接近中午的時間，在部落鄰近田區工作的族人們，也會回到舊家休息或到鄰居家串串門子、打打牙祭，就像過去在部落的生活一樣。若遇到又大又急的午後雷陣雨，無法到咖啡園裡工作也沒關係，就去撿蝸牛，為晚餐加菜。曾經有長輩和我抱怨，風災後遷到山下，首先最讓她受不了的就是平地熱死人的天氣，回到山上有風有樹，舒服自在多了！

這些每天往返新舊部落的移動日常，其實都解釋了咖啡作為生計來源的實際用途外，族人們之所以在災後

趁著好天氣，族人將脫殼後的咖啡豆鋪在競選帆布上進行日曬

不嫌遠，沒有放棄上山耕作的理由。對於族人而言，上山、種咖啡不只是為了生計、賺錢，能夠回到過去生活的舊部落，在祖先留下來的土地上勞動，讓他們感到歸屬，也讓族人在適應新聚落的同時，不需要完全拋棄過去的生活經驗與記憶。也因此距離不再單純被視為咖啡產業中的障礙，更成為族人災後適應平地生活過程中，讓他們保有熟悉的地方，在過去與未來之間尋求平衡。

莫拉克風災後，族人頓失生計又得離開熟悉的地方，咖啡在此時成為族人的新寄託。因應咖啡生產而形成的山林移動，就是族人對家的追尋。而這個「家」並不僅限於族人有生活記憶與情感的舊部落，透過移動，吾拉魯滋新聚落也得以逐漸從一個陌生的空間，轉變成為一個讓人能夠安居、生計得以延續的家。

✦ 全世界的人都睡覺了，我還在山上工作……

不過部落的咖啡產業要發展，除了生產端，加工與行銷也同樣重要。一進入吾拉魯茲，映入眼簾的部落咖啡屋以及有機咖啡產銷館，就說明了族人和地方政府對於咖啡產業的期待。來到這裡的消費者，除了可以喝到最新鮮的在地咖啡，還有機會了解咖啡繁複的加工。在咖啡採收季來到部落，可以看見家家戶戶外面的空地上，鋪著各種大小、色彩鮮艷的競選帆布，而帆布上面則是鋪滿自家生產的咖啡豆。尚在日曬、發酵的咖啡豆，需要族人不時翻動，才能讓內部的水分均勻蒸散。咖啡從採收到烘焙，需要大量的人力、時間與技術的投入。

部落裡許多長輩過去沒有喝咖啡的習慣，不知道如何才能做出高品質的咖啡。懂得咖啡烘焙的部落青年鎧琳，因此成為長輩口中的有為青年。鎧琳的體格強壯，卻留著漫畫中男主角才會有的細長鬢角和瀏海。若沒有看過他沖煮咖啡時專注的神情和信手拈來的咖啡經，實在很容易讓人誤以為他只是個剛出社會的毛頭小子。

為了推廣、行銷部落的咖啡，並協助族人提升咖啡的品質，鎧琳除了讀書自學，也上了許多咖啡專業的課程。在產季時，他也提供免費烘豆的服務，除了累積實戰經驗，也希望藉此和咖啡農建立起互信互惠的交流關係。

原本在台北的電視台擔任燈光師的他，在五年前回到部落，一開始是為了追尋自己的音樂夢，誰也沒想到他竟在山上開了間咖啡店。水藍色屋頂、窗框搭配白色牆面的方正空間，乍看之下就像是旅遊節目中會出現的地中海平房，十分符合他浪漫的性格。

店裡平日的客人並不多，這天除了我之外，只有另一組客人。鎧琳和我說著前一年夏天颱風如何肆虐部落的咖啡園，他更試圖重現長輩們因為生計大受打擊，園坐在店外面的廣場哭泣的情景。

「真的欲哭無淚捏，坐在那邊哭，」鎧琳指著咖啡店外面的空地，「然後也不知怎麼安慰，看他們哭，我也只能跟著哭。」說到一半，店裡的門開了，走進來一名中年男子，個子不高卻很結實，皮膚黝黑、留著三分小平頭。十二月的屏東雖然不比北部寒冷，但剛下過雨的山區，夜晚仍有些濕涼。他手上拎著用夾鏈袋裝著的未烘豆，原來是季大哥。他似乎不在意突然轉涼的天氣，僅穿著短袖T恤與六分短褲，腳上穿著夾腳拖，推門進來的瞬間彷彿為店裡帶來了一些溫暖。

季大哥是泰武鄉武潭部落的人，平時擔任工頭，在工地從事綁鋼筋的工作。幾年前開始種咖啡，原本對咖啡一竅不通，沒有技術也沒有加工設備，為了應付咖啡複雜的加工程序，他不斷向人請益。這一晚他帶了自家已脫殼烘乾的咖啡生豆，請鎧琳幫忙烘焙。

成熟的咖啡果實在採收後，當天就必須緊接著做初步的處理。若選擇水洗的方式，首先要去除果皮和果肉，才能接著發酵、烘乾；另一種日曬加工法，則是可以帶果皮一起日曬。經過烘乾或日曬的咖啡豆，被稱為生豆或帶殼豆。不具烘焙技術與設備的咖啡農，通常就是將生豆賣出或交給他人處理。生豆要放入機器內脫殼，才能進入最後的烘焙工序。以上每個加工階段開始和結束前，都必須要先篩選、淘汰品質較差的豆子。而烘焙的時間雖短，卻十分要求精準，天氣、火力、烘焙時間……每個因素都會對咖啡豆的品質產生影響。

等待鎧琳烘豆的過程中，季大哥就像是老闆在監督員工一般，更像等不及見寶寶一面的新生兒父親，站在烘豆機旁邊來回走動：「烘培技術影響咖啡口味的百分之七十啦。快點沖來大家評鑑看看，看烘培大師怎麼烘的。」但接著他又說：「其實現烘的，口感不是那麼好，要養三天。」矛盾之情溢於言表。

因為白天要到工地工作的緣故，季大哥總是利用工作之餘的時間到咖啡園裡工作。「全世界的人都睡覺了，我還在山上工作，帶著頭燈啊，割草、剪枝、施肥。」因為氣候與原住民土地利用的限制，咖啡園多半在傾斜的山坡地，加上屏東山區多頁岩碎石，光是白天工作都要小心翼翼了，更何況是在烏漆麻黑的夜晚，獨自一人上山工作。聽到季大哥描述自己的工作情形，不禁開始想像是什麼樣的理由，讓他在如此艱辛的情況下，仍要踏入咖啡產業的行列？

✦不想再過「連呼吸都要錢」的生活……………

「以前在北部工作啊，在桃園也是做營造。北部雖然工錢多，但消費也高。家裡老人家都老了，沒有人陪伴，所以還是要回來啊。」季大哥說著自身返鄉的動機，但背後卻是都市原住民普遍面臨的困境。

「這樣比較好啊，畢竟是回到自己的家鄉，比較自由。不像你在北部，出來呼吸也要花錢、什麼都要花錢，唉，錢永遠不夠用啦！」

隨著台灣經濟發展，大量的鄉村人口在一九六〇年代進入都市工作生活，原住民也不例外。當時政府開始在部落推廣經濟作物的種植，當勞動生產目的逐漸從生計溫飽轉變成為貨幣交易，便加速原住民進入商業市場。然而生產經濟作物往往需要投入更多的資金與技術，許多族人因為資源有限或無法從中獲得足夠的收入，便選擇將土地租售給漢人，或到都會區謀生。到了一九八〇年代，為了改善民生生活、提升國家整體就業與經濟，政府積極推展基礎建設，此時，大量的部落人口湧入都會區尋求工作機會。「我之前開貨車的時候，就曾經將近三天沒睡覺，早上開到晚上、半夜又開到早上。只能蠻牛、伯朗咖啡一直灌，如果我睡著可能就沒命了。」另一位幾年前選擇返鄉生活的長輩這麼告訴我。

許多族人即使到都市，大多也只能從事高勞力、高風險的基層工作。再加上文化的隔閡，都會生活難以適應。當然除了到都市尋求工作機會外，還是有族人選擇留在部落生活。然而即使經濟較穩定，不用離鄉背井出外謀生的族人，也會為了孩子的教育、都市的生活機能等原因，到就近的市區生活。人口外流的部落，被認為是「老的、小的、窮的」集合體。

在大部分族人的想像裡，咖啡作為具有國際市場的經濟作物，有著比小米、芋頭、樹豆等傳統作物更高的市場價值，能夠改善族人的生計。「你沒有經濟，你根本留不下來啦。」當族人都能夠在部落以咖啡維生，就不需要到外地討生活，隔代教養問題便能減少。當族人能在部落安心生活，傳統的禮俗祭祀、婚喪喜慶成為族人的日常，文化傳承也就自然而然發生。

✦泰武咖啡香——竟是難喝的味道！

隨著田野持續進行，我漸漸意識到族人期待透過咖啡，達成留在部落生活的目標。於是開始尋找返鄉經營咖啡事業的年輕人，因緣際會造訪了曾經返鄉後來又離鄉的小露。

小露其實是鎧琳的堂弟，為了幫助家裡的咖啡事業，於是利用求學期間，到咖啡店打工學習相關知識，也透過書本自學。在都市練就了一身功夫回到部落，他希望將最前沿的市場趨勢與咖啡知識帶回來。以咖啡風味作為品質標準，他嘗試回去告訴爸爸應該如何調整咖啡的種植，藉此提升咖啡豆的品質，但爸爸卻拒絕了他的提議，認為兒子是「外行領導內行」。

不只是小露爸爸，在部落裡的許多資深咖啡農都有一套「自己摸出來」的種植方式，要改變他們的想法，並不容易。

在排灣族的社會傳統中，除了有社會階級的劃分，在組織分工時也有年齡的差別。年紀較長的男性，通常被賦予領導、教育的責任，而單身、年輕的男性人就是學習、服從。還記得第一次見面時，我向小露詢問泰武咖啡的味道有什麼特別，他不假思索地回答：「難喝的味道！」

「長輩們一定會跟你說：『我家的咖啡最好喝。』但你沒辦法跟他講專業度，然後他也沒辦法跟你說他去哪裡喝了很棒的咖啡，因為他只喝他自己家的咖啡。」小露接著說。

為了避免和爸爸之間的衝突，小露選擇離開部落，自己在屏東市區開一間咖啡店。儘管如此，他卻將店名取名叫做「露薩比譚」，那是自己家族的姓氏。在店裡除了賣咖啡和常見的蛋糕甜點，也賣一種類似小米粽的傳統美食——Cinavu奇拿富。這食物用山上常見的假酸漿葉包覆，葉子洗淨後片片堆疊，再包入小米，以及混合了芋頭粉的豬肉，那是傳承自小露媽媽的家鄉味。

在小露的經驗裡，要透過咖啡事業回到部落生活，並不是件容易的事，過程中必須面對各種衝突與質疑，於是他選擇帶著對家的矛盾情感，到都市創造更多可能。

還記得那天一路從下午開始聊，聊到我差點錯過了末班客運。小露和我談起自己受挫的返鄉之路，他似乎有說不完的話：「所以今天如果有人跟我說要返鄉，我問他的一個問題就是憑什麼？」經過了一段時間，我也才逐漸領悟他口中的憑什麼，其實有兩層意義。

第一個憑什麼，指的是返鄉的人究竟有什麼能耐與本事？

第二個憑什麼，則是說明更大的社會結構問題，農村究竟能夠提供什麼樣的就業機會與勞動條件，來支持返鄉青年的生計？

✦究竟咖啡之於原住民是好的嗎？

莫拉克颱風過去十年了，屏東咖啡的耕種面積和產量，的確有增加的趨勢，但理想與現實終究還是有段距離。「現在是還沒完全辦法支持一個家庭，咖啡收入大概就是賺些零用錢而已。」這也就解釋了為什麼不少已屆退休的長輩，接續投入咖啡產業，卻較難找到返鄉的年輕人。

咖啡的產季集中在每年十月到隔年二月之間，是季節性的作物。種植在山坡的咖啡，受限於地形，無法用機器採收，得仰賴大量的人力。但族人往往因為資金和勞動力都有限的情況下，只能進行小規模的生產。加上造林地上不能進行經濟活動，族人若想增加收穫，便只能轉而在一些比較畸零、傾斜度較高的非造林土地種植咖啡。一位積極在原鄉推廣林下經濟的大哥說：「老人家看到咖啡價格好，就會想要種更多。但那麼陡的坡也在種，實在很危險。」

越深入田野，我越容易感同身受族人的困境。這些咖啡產業的障礙，究竟該怎麼做才能解決？經營多角化事業或許是個解決之道，但在部落裡卻難以實踐。「很多族人也想要開咖啡店啊、經營民宿啊什麼的，但本身就沒有什麼資本的他們，要貸款也不容易。因為可能沒有固定的職業，然後原住民的土地都不值錢，也無法作為抵押物，所以銀行農會基本上也不會接受他們的申請。」郭大哥一邊說，一邊不斷幫我倒茶。電視裡播著沒有人看的香港武俠電影，主角們蹩腳地揮舞著刀劍，發出「鏗鏗鏘鏘」的聲響。然而屏東原鄉咖啡的產銷，又何嘗不像個戰場？只不過在這場戰役中，還沒有人是贏家。

還記得有一次在部落裡巧遇一位歷史學家，聽了我在研究原住民咖啡產業後，他便單刀直入地問起我的立場：「究竟咖啡之於原住民是好的嗎？」他認為原住民一窩蜂種植咖啡，是因為發現咖啡市場有利可圖。而原鄉咖啡大放異彩的同時，代表族人們放棄了自己的傳統作物，傳統作物的消失，除了對族群文化造成威脅，更可能進一步改變當地的生態。

的確，不論是透過咖啡創造更多的收入、還是帶領族人返鄉、傳承文化，目前的產業發展和族人的理想之間，仍存在著一段不小的差距。但為什麼族人即使在產業實踐的過程中，面對各種挑戰與掙扎，卻依然沒有放棄？我不斷思考著這問題。更具體來說，我想族人對咖啡產業的期待，除了是族人對於結構性社會困境的反動，更體現了對家和歸屬的渴求。

許多原住民為了生計離鄉，在都會區經常受到剝削、歧視，這些不舒服的經驗，都讓族人期待總有一天可以回到部落生活。在許多族人對於家和部落的想像和期待中，靠著祖先留下來的土地和山林資源，咖啡或許是種選擇，能夠承擔起帶領族人返鄉的任務。透過經營咖啡事業，除了家人能夠生活在一起，生計得到改善，同時又能將傳統文化傳承下去。然而咖啡產業中的各種經營實踐，以及過程中所面臨的各種挑戰，卻也不斷形塑、挑戰族人對家的想像和追求。

從文化保存的角度出發，咖啡產業的確在某些程度上改變了族人的社會關係和生態環境，那位歷史學家的質疑或許其來有自，也反映出原住民在產業發展、環境與文化保存上，長期以來面臨的各種掙扎。但若我們從產業出發，嘗試進一步思考，部落對於原住民究竟是保護，還是枷鎖？或許會發現族人與部落之間的關係，其實存在更多詮釋與選擇的可能。為了取得咖啡生產的知識技術、參加各種評鑑交流活動、掌握精品咖啡的市場……族人必須經常往返於城鄉之間；有些人為了避免陷入資源爭奪、部落的政治紛擾，選擇放棄直接從事咖啡生產工作，轉而踏入觀光、餐飲等相關餐業；也有人為了把家鄉的咖啡推廣到更多地方，到其他城市或國家尋求機會。這些為了發展咖啡產業嘗試的各種努力與策略，不也就是族人對於家的實踐？

咖啡與族人之間的關係，以日治時期延續至今的歷史作為基礎，經歷莫拉克颱風災後生計的發展，咖啡之於族人的重要性再次被強調。為了因應莫拉克風災和市場的快速變遷，族人在咖啡生產銷售的過程中做出的各種調適，更是加深了兩者之間的互動性，實在不是一句好不好或適不適合就能輕易定論的。

✦咖啡：來自家的羈絆

小露把咖啡店搬到台北蘆洲後，我反而很少去拜訪他，大多是從鎧琳口中或臉書上，得知他的近況。二〇一八年春天，小露準備要與愛情長跑多年的女友結婚。婚喪喜慶在部落是大事，尤其是舉辦婚禮，經常是萬人空巷，所有親朋好友都會穿上傳統服飾盛裝出席。鎧琳告訴我，為了準備婚禮的伴手禮，小露爸爸特別將自家種的咖啡製作成掛耳式的包裝，讓賓客帶回家品嚐。這份來自父親的祝福，不只是為了分享，更象徵著家族的延續。透過這包咖啡，我才意會到，與其去爭辯「部落究竟適不適合種咖啡？原住民種咖啡到底好不好？」咖啡其實早已在部落長出了自己的模樣。

這天隨意地滑著臉書，卻看到小露為了回家幫忙採咖啡而休店的公告貼文。貼文下方是小露在山上採咖啡的照片，照片裡的他穿著迷彩全裝，頭戴漁夫帽，腰際上綁著裝咖啡果實的籃子，看起來一點都不隨便。後來小露跟我說，為了在短時間內把熟成的果實採收下來，需要大量的人力，雖然從台北回屏東一趟不算近，但回家幫忙可以為爸爸減輕許多負擔。

小露這幾年在城鄉之間反覆的移動，說明了返鄉的過程，並不如多數大眾媒體所再現的如此單純美好，就像原鄉咖啡產業中的各種掙扎與挑戰。而族人對於咖啡的執著，體現的正是他們對於家和歸屬感的熱切盼望。

不論是生計的滿足，或是對家的追尋，對於族人來說從來就不是件簡單的事，

5 將苦澀與香醇置於一口：屏東泰武的原住民咖啡

張宇忻

但就像是一杯杯的咖啡，最耐人尋味的，往往就是那既香醇又略帶苦澀的濃郁風味吧！

PART III

再活一次
農民身分重生

高山雲筍
梨山
蘋果干
蜜蘋果干
高麗菜乾
蘿蔔乾
水蜜桃干
聖女
茄紅干
竹炭橄欖
櫻花果

6

來一趟中年的冒險
苑裡農民阿伯的有機實驗

陳莉靜

這是我踏入苑裡的第三年，年後，我特意選在麥子結穗纍纍的三月到訪，事前聯絡了阿辰。從公車站步行到阿辰家的路上，我走走停停，拍攝兩旁待收割的麥田以及才剛插秧的稻田，感受著鄉間的靜謐，春天的陽光又輕又暖，柔柔的風吹來，非常舒服。接近阿辰耕作的田地時，沒看到人，我覺得有些奇怪，他難道不在家嗎？

白天阿辰大多在田裡工作，早該看到他的身影了。走進三合院的稻埕，阿辰的太太向我走來，正當她招呼我入內時，熟悉的聲音也出現了，「你來了喔！」阿辰笑嘻嘻地說，一拐一拐地迎了出來，原來他前陣子不慎摔倒，傷到了腳，現在只能待在家裡休養，這天他直接站在埕上跟我談話。阿辰是個非常熱情的中年阿伯，即使行走不便，說起農事仍是帶起動作、比手劃腳，恨不得可以親自下田說明。眼看

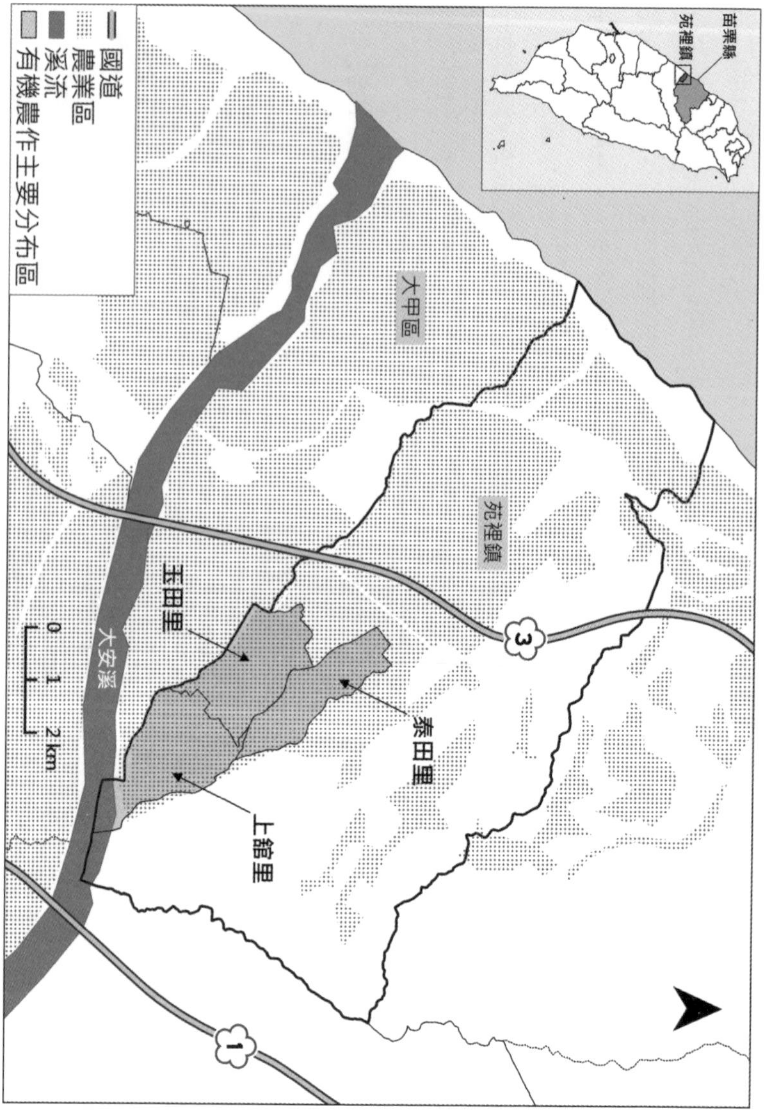
國道
農業區
溪流
有機農作主要分布區
苗栗縣
苑裡鎮
大甲區
苑裡鎮
玉田里
泰田里
上舘里
大安溪
0 1 2 km
3
1

麥子就要收割了，於是我問下一期農耕怎麼辦，本來開心雀躍的阿辰，神情卻一下子黯淡下來，「還能怎麼辦，只能交給別人幫忙了，」彷彿在自言自語。

也對，怎麼開心得起來，眼看他的有機實驗都要停擺了。小麥收割後，阿辰原本要種稻，稻之後是黑豆，黑豆收割再種麥，從旁人的眼中看來，這像是年復一年的輪耕，對阿辰和苑裡做有機的其他中年阿伯，卻是時時刻刻與農作物互動的有機實驗。從品種選擇、生長期長短、下一期播種的時間點、水量管控、雜草抑制，到最難掌握的天氣變化，每一項都是有機實驗的變因，這些變因也實實在在牽動著農夫的生計與苑裡的景致，串成他們不斷尋找的過程。

春耕的苑裡，黃澄的麥穗和嫩綠的稻秧只隔著田溝相鄰

我在火焱山山腳下遇到這群中年阿伯時，他們的有機實驗已經紮紮實實操作了二十餘年，人稱苗栗穀倉的苑裡，現今坐擁一百二十公頃有機田，堪稱西部之最，這裡的有機稻田裡，不僅收成稻穀，還結出麥，甚至是豆類雜糧。

在大多數慣行農民的眼中，有機農業是痴人說夢，不施用除草劑的田裡，手工拳草遠遠追不上雜草繁衍的高效率，「稻草共生」是有機稻田常見的風景，雜草甚至長得比農作物還要豐美。經驗老道的農民絕對看不慣田裡長草，鄉下龜速騎車的阿伯經過稻田時總習慣放慢速度觀摩，我猜想農民的心中大多有一個「水穲」排行榜。當他們看見稻美穗豐大加讚賞，碰到長草的田則暗自搖頭，若認識的晚輩堅持不用除草劑整頓稻田，他們會感到痛心疾首，甚至說出「sià-sì-sià-tsing（丟人現眼）」此等重話。中年農民決心做有機，絕非易事，要捨棄幾十年來慣用的化肥和農藥，重新適應有機農法，還要因為雜草叢生、產量大減而頭疼，甚至得對抗鄉間龐大的輿論壓力。

✦稻鴨共生的秘訣

我初入苑裡，第一個見到的是大熊。他說話中氣十足，外型瀟灑，他所屬的

6 來一趟中年的冒險：苑裡農民阿伯的有機實驗

陳莉靜

社區協會致力於有機農業耕作，包含大熊夫婦在內的協會成員來自各行各業。二〇〇〇年，苑裡進行農地重劃，台灣大部分的鄉村，經過農地重劃之後，田地會一律成為筆直單調的長方形，但大熊一行人卻一改常態，提倡維護在地原有的農田生態，保存卵石砌田埂和彎曲的田路，減少重劃後的水泥設施和筆直生硬大路。當然重劃還是改變了苑裡，重劃後的每塊土地都有獨立的灌溉系統。灌排分離有利於水源維護，恰為踏足有機農業的最佳時間點，也開啟了他們與鴨共舞的篇章。

推動稻鴨共作的另一位靈魂人物是大熊的太太小米，大熊和小米從園藝跨足至有機耕作，希望能夠推動生態保育。第一次拜訪他們時，因為他們的田距離車站足足有九公里遠，小米便說可以到車站接我。

火車中午到站，上了小米的車後，看起來有點嚴肅的她驅車出發，途經市場，小米突然叫女兒下車處理一點事情。我原本以為自己的拜訪耽誤了小米的工作行程，正想著怎麼有效率地完成訪談，才能少添麻煩時，卻見她女兒拎著一份肉圓和羹湯回來了，原來是小米考慮到我九點多從台北搭車過來，一定沒時間吃午餐。這份對人的熱情和細心，也同樣發揮在他們的有機實驗上，她與先生把原本適應不良的稻鴨共作，一點一滴調整到今日稻美鴨肥的在地作法。

苑裡有大安溪的純水和火炎山的淨土，大安溪源自雪山，途中鮮少汙染，是種植良質米的最佳條件，因此自古苑裡有苗栗穀倉之稱，非常適合栽培有機稻，但當年讓小米最煩惱的是，東部的池上米早已遠近馳名，位於西部的苑裡要如何打出名號，讓外地人認識這裡的味道。正好當時日本稻鴨共作成功的消息傳到台灣，他們想著，或許稻鴨共作可變成苑裡亮點。

二〇〇二年，稻鴨法先驅古野隆雄先生來台，在美濃舉辦研習會，小米和大熊等人躍躍欲試，立刻南下高雄向專家師法。古野說插秧後放鴨，當小鴨悠遊自在地划水時，鴨蹼攪擾底層的泥土，田水渾濁，陽光就難以穿透，田底萌發的雜草無法行光合作用，這麼一來，就可以達到抑制雜草之功效。

二〇〇四年第一批小鴨來苑裡報到，

耪田後、插秧前，負責除福壽螺的大鴨

農民因為沒經驗，不曉得要先訓練水性，竟養出了一批小小旱鴨子，一下水田就軟腳。好不容易趕下了田，怎知這群小鴨子也不懂得啄蠟腺防水，在這樣的情況下，好不容易趕小鴨下了田，春寒料峭的三月天，成群小鴨游進田水，田水滲進羽絨，鴨子們溼答答地上岸，一回到陰涼的寮舍，紛紛感冒倒下，農民看了心驚，更不敢讓剩下的小鴨涉險。

等到將鴨子養得更大隻，夠強壯時，農民們才將鴨子放到田裡。豈料，大鴨們下到田裡，鴨喙一張一合間，稻田隨即禿一大塊，小米形容當時根本是「秧苗不長，鴨子一直長，」直到後來，她細細觀察，才恍然大悟，原來鴨子習性是啄食視線內的東西，放鴨時機不對，共作不成，反成「鴨害」。

除了「鴨害」，更大的威脅藏在土裡面。古野的作法配合的是日本天候，冬季嚴寒，田中螺類也因結冰而減少，但台灣溫暖得多，可知道開春時田裡蟄伏的福壽螺有多少嗎？大熊說若不做任何處置，直接插秧，福壽螺一天就可以横掃半邊田，不出一週秧苗就全被吃光光了。慣行農業以農藥除螺，小米他們就仰賴這群黃色小鴨，無奈牠們啃不動大螺。可想而知，第一期試作幾近全軍覆沒，這場有機實驗記下不少失敗數據，小米只得將問題分析後，再一一尋求破解之道，後來一共經過三年六期稻作實驗，才得出一套適合苑裡的作法。

古野在日本的作法是一期稻用一批鴨，台灣則要更多更多的鴨，一期稻需要兩批鴨，先是大鴨，再是小鴨。還未插秧時，節氣裡的「雨水」翻耕後，一批大鴨先行下田吃螺，白色的大鴨子在田間大步巡邏，搜尋到福壽螺的蹤影後，扁平的鴨喙一張，整顆螺連殼帶肉吞下，大鴨抬頭仰望天空，鴨脖子扭啊扭，讓福壽螺滑進肚子裡。大鴨連吃數天的福壽螺後便收工，農民開始插秧。有機秧苗在田裡站穩腳步後，輪到比秧苗還矮的黃色小鴨出動。過去三年的經驗讓他們學會，只要確保鴨子入田時比秧苗矮小，看不見整株秧苗就不會啃食，轉而吃水田裡的害蟲，而鴨子善於撥水，也使田水保持混濁不透陽光，水面下的雜草長不出來，水面上的秧苗益發欣欣向榮。

鴨耕米收割時，農民也收穫了有機鴨子，吃福壽螺的鴨子肥美無比，加上生長在有機環境，來訪的民眾買了米之後，也想買有機鴨子，紛紛詢問起價格，直到今日，已經有餐廳專門收購，他們的鴨成了另一個收入來源。

但不是每個農民都樂於看到鴨子成為盤中飧，大東虔心向佛，即使對稻鴨共作的自然農法心生嚮往，多次觀摩，並且躍躍欲試，但卻無法接受對稻田有許多貢獻的鴨子，最後為了滿足人們的口腹之慾，必須要犧牲生命。對於大東的掙扎，小米一語點醒他，「可以不殺鴨子。」於是大東也加入稻鴨共作的行列，割稻後他將鴨子全部留下來養，有幸入住大東鴨寮的鴨子得以安養天年。

◆養土

養鴨再辛苦，畢竟是稻鴨農自願的選擇，實作的人數較少，但土壤改良就是全體有機農民都必須面對的「指定考科」了。化學物質對地力的損害之多，以一期稻作為例，三月春耕撒下基肥，插秧後，四月下旬節氣為「穀雨」，雨水增加，期間需再追肥二至三回，加上除草劑和除螺藥，到了七月小暑收割期，農田已經接收了至少上述的化肥和農藥。長久累積化學物質的慣行農田，土壤性質漸漸轉變，田地自身的肥力越來越退化，一旦轉作有機，不再使用速效的化肥，那麼收穫量必然會減少，因此農民如何調整土壤性質，就成為經營有機農業中最重要的一件事。

然而，台灣農民慣用化學肥料已近一世紀，土壤性質也深受影響，我從老黑口中聽到，土壤在化學農業耕作下如何劣化，我心想著，若要將折損大半的地力養回，一定需要過人的耐心和毅力，也許就像眼前剛毅的老黑一樣。

要抵達老黑家，得先彎進一條小徑，兩旁是溫室，路上飛舞著蜜蜂，在農村見到蜜蜂很尋常，但能在稻田看到數量多且密集的蜂群就不一般了。老黑是一位全方位農民，他的興趣和專長從有機稻米到小麥、黑豆、蜂蜜皆有。老黑的有機轉作也是始於農地重劃，一開始只種有機蔬菜，稻作仍是慣行，待重劃完成之後，他才開始整理田區，著手種植有機稻米，但是初始產量很差，因為田裡都是石頭，土量很少，他的地正是農民口中不適合種田的「石頭地」。

與老黑聊天時，初始覺得他有點寡言，安靜地聽我說明到訪動機，待我開始發問，他不會立刻回答，而是要求再更具體地說明，或反問我一些簡短的問句：「你覺得呢？」老黑聆聽我說話時多半抿著嘴，雙手擱在竹椅扶手上，有時輕點個頭，待他終於開口，就是一篇有條不紊的回答。

老黑說起初始收成是如何不理想，他嚴肅的神情，讓我想像起當年的景況，老黑應該常常站在田頭思考吧，就像梳理我的提問一樣，他抿著嘴觀察土壤，雙手可能插在腰上，然後一點一點想出改良土壤的實驗計劃。因為田底都沒土，老黑跨過火燚山去買土來囤，他將土地當成自己的小孩養育，為使土壤強壯起來，不惜投入高額的成本，一分地就用了八百公斤的米糠和大量的牛糞。

土地漸漸養好之後，接著處理長期用化肥的後果。老黑的長輩那一代年輕時沒有化肥，只有自家的堆肥，然而政府補助之後，化肥便宜了，大家越用越順手，越下越多，土壤因此變酸，改用有機肥後，才慢慢把土壤轉回中性。然而，有機肥如果用過頭也會讓土壤變鹼，太酸、太鹼都不是好現象，農業改良場協助農民做檢測，提供有機種作的建議，但是土地的酸鹼值狀況，惟有時時巡田的農民最清楚，老黑說只有自己才知道如何調整地力。以施肥為例，改良場大概說出一種肥料的氮含量及其對應的施肥時間，但這段期間如何分配肥量端看各人操作，農民依照對自家田地的了解來調整。老黑告訴我，以一分地的水稻田為例，四個月需用化肥量約十二公斤，他自己再換算，需要多少的有機肥才能達到化肥十二公斤的量。

對我說明耗肥量計算時，老黑比少年家更加條理分明，加上一些在空中比劃的手勢，好像一堂數學課或化學課，但那些計算成果不是考卷上的分數，而是結成飽滿的稻穗，風吹過稻田的沙沙聲，彷彿在為實驗成功大聲喝采。除了數字換算，還有老黑對土地的細膩觀察和充分掌握，他說土地培養到一定程度，耗肥量就不再需要那麼多，若一味堅持下足改良場說的十二公斤，則可能肥量超標，對水稻並不好，說到這裡，老黑慢慢將比劃數字的雙手放回扶手，眼睛看向門外的稻田。

他想了想，還是維持一貫緩慢而清晰的語調說道：「自己的土地就像自己小孩的體質，假如小孩有氣喘，或是有其他毛病，做父母的知道，所以這塊地自己種自己經營，才知道這塊地大概缺什麼東西，我需要多少量給他才夠。」土壤改良靠的是農民的觀察，是他們與自己的土地在互動，老黑了解自己土地的特質，知道土地缺少什麼，需要多少肥量，少了不好，太多肯定也不好；也可能這邊的地肥量超標了，同一期的另一塊土地肥量卻不夠，因此老黑得時時刻刻觀察，從不間斷對土地做出回應，持續調整和實驗。

對土地投注了無比的心血，老黑的產量日漸穩定，有機耕作對土地的好處也慢慢浮現，老黑叫我去看他的小麥田，有機耕作的小麥已經比雜草要高出一截手臂，在田裡站穩腳步了，如果老黑不說，我實在猜不到這片小麥田完全沒有施肥，靠的僅是種水稻殘留下來的肥份，老黑說這樣就夠了。

✦「我是憨膽啦，成敗一回事，種好種壞當作經驗」……

相較於老黑總是面不改色地回答問題，另一位也是稻、豆、麥全方位耕作的阿辰，他的熱情總是溢於言表。談到黑豆，阿辰會立刻邁開步伐，向我展示屋外的豆田，問起耕作方法，馬上領著我去看可以一次播種數行的條播機，就連阿辰腳摔傷那次，他還是巴不得衝下田的樣子。當這種勇往直前的熱情，連結回去苑裡四十年前種植麥子的記憶時，他立刻點燃了想要把麥子種回來的決心，即使一再失敗，卻仍鍥而不捨、充滿毅力，終於讓麥穗在苑裡的風中飄曳。

阿辰年少時，苑裡家家戶戶都利用冬暇的田地種麥，麥種由大甲的金雞牌麵粉工廠提供。麥子收成後，交給麵粉工廠，農民則能換取麵粉，這對於當時農村家戶的生計不無小補。然而，後來本土麵粉漸漸被進口麵粉替代，農民種麥的過往封存於記憶，苑裡則成為水稻遍布的「苗栗糧倉」。阿辰也慢慢忘了小麥田的樣子，直到女兒遠嫁金門，他們跨海拜訪親家時，金門的麥田讓阿辰想起了四十年前的苑裡。

老黑也想種麥，他回想一九六〇至一九七〇年代時，苑裡曾經種過非常多小麥及各式雜糧。為了種小麥，老黑向麵粉工廠拿取麥種，雖然不太清楚品種和來源，他們決定先試種看看，果然第一年的收成慘淡，四個人試種卻只有一人成功。失敗者中，有人的麥種被鳥吃光，有人的麥種則是被水泡爛。這時老黑看到電視上的報導，知道「喜願小麥」想要復興台灣小麥，於是聯絡他們，由「喜願小麥」提供麥種，進行第二年試種。

小麥喜歡涼爽，適合播種的氣溫須低於攝氏二十八度，因此苑裡農民選在二期稻收成後，播下麥種。在苑裡有三種常見播種方法，分別為覆蓋法、

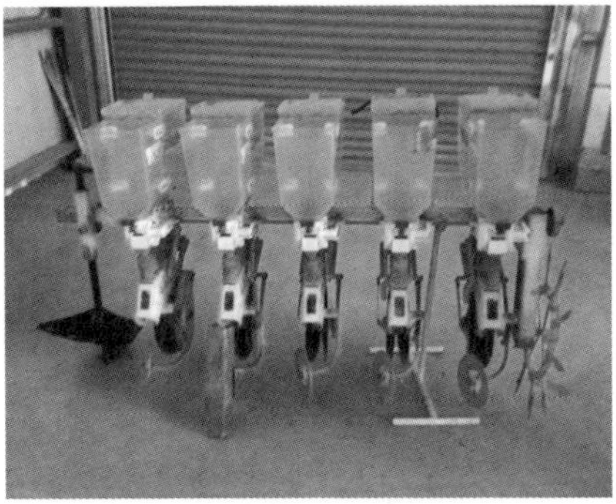

條播機，小麥播種的輔助農機

耕地法和條播法。覆蓋法取其覆蓋功效，在水稻收割前一天，先撒下有機肥，再撒麥種，隔日收割稻後，將稻草剪成段覆蓋於麥種之上，農民再將各處的稻草量分配均勻，覆蓋法可以保持溼度，防止鳥類啄食麥種，且能抑制雜草生長，覆蓋法最粗放省工，但收成量欠佳，因此試種後，農民大多改採耕地法。

耕地法的重點在於種麥前必須先翻土。稻米收割之後，田土保持乾燥，撒下有機肥，曬田二日，以耕耘機耕地，土壤翻勻後，才能撒下麥種，為了防止鳥類啄食及保持溼潤，還要拿個東西讓種子躲在裡面。由於麥偏好溼度低的生長環境，要抑制水坑，若不，麥將會被浸死，因此還要以機器挖畦，以利排水。除了前兩種作法，還可以選用條播法，為了讓麥種更均勻，使用機器逐行條播，此種作法最穩定。

受溫度限制，小麥播種最早也須在國曆十月二十五日以後，然而，由於春耕稻作插秧時間緊接在後，所以最晚也得在十一月十日之前播下小麥，因此二期稻的收割時間決定了小麥能不能順利排進這個緊湊的輪作表裡，有些農民因而選擇生長期較短的稻作，如大名鼎鼎的越光米。相較一般稻種生長期約一百一十至一百四十天，越光米的成熟期僅僅九十天，較早收割，能確保趕得及在十月底到十一月初播下小麥種子，阿辰現在栽種的麥種生長期約一百二十至一百三十天，若準時播種，就可以在隔年三月收成，並順利接續新年度的一期稻。

幾年的稻麥輪作後，喜歡挑戰的阿辰在「喜願小麥」建議下，決定將黑豆加入輪作。談到黑豆，阿辰說自己是苑裡第一人，他咧嘴笑道：「我是憨膽啦，成敗是另外一回事。」阿辰說只是個嘗試，想知道苑裡到底可不可以種黑豆。

事實上，在有機農業施作原則中，輪作是非常重要的作法，利用不同的作物穿插，可以打破病蟲害的生活史，選種黑豆的話，由於與豆科植物共生的根瘤菌可以固氮，也有利於地力維持，是輪作作物中很好的選項，因此阿辰在取得黑豆種子並了解大略的種法後，便將原本的第二期稻改為黑豆，再接續冬季小麥，成為「稻－豆－麥」輪作。

一開始阿辰聽從建議，在九月初種豆，但時間過晚，氣溫已下降，黑豆匆促生長，植株還很矮小就開始結豆莢，說到這裡，滔滔不絕的阿辰稍微停頓了一下，好像有點不好意思，但他還是接著說，這就好像年紀很小的「查某囝仔就大腹肚，」我剛開始還聽不懂這代表好還是不好，阿辰笑呵呵回說：「當然不好啊！」不夠成熟的植株怎麼會有好收成呢，產量當然不理想。隔年，阿辰試著將種豆時間提早到八月下旬。同時期，又多兩位農民加入試種黑豆的行列，可惜他們因為農忙而延遲了半個月種豆，當期阿辰的收成果然較佳，實驗結果再次證明提早種收成比較好。現在阿辰都是在八月初種黑豆，等到黑豆收成，再接著以耕地法種麥。

✦多彩的苑裡

三月春耕到訪苑裡，結穗的麥田黃澄澄地，隔著水流淙淙的田溝，就是嫩綠的稻秧。鴨稻共作的秧田還憩著大白鴨，牠們是插秧前下田吃螺的大功臣，再過不久等秧苗生長穩固，高過小鴨時，就輪到黃色小鴨巡於田間。待四月節氣「雨水」增加，開始追肥，五月氣溫日升，稻子抽穗漸飽滿，六月晒田，七月收割，接著插秧種二期稻，有些田區在八月初種豆，只見大片稻田之間穿插幾塊旱作的黑豆田。十月稻、豆分別收成後，有些田撒下綠肥，埃及三葉草、油菜或菊花，或綠、或黃、或紅，色彩繽紛。十月底至十一月初，耕田後撒下麥種，家家戶戶農暇等待過年時，小麥迎著東北季風生長。過完年，二月耪田翻掉綠肥，農田蓄水準備春耕，三月小麥結穗收割後，冬季還長著麥的田地也換上一身稻禾新裝，又開啟了新的一輪循環。

中年阿伯的有機實驗在苑裡各處實實在在進行著，農地長出各種樣貌，有機實驗不曾間斷，實驗的變數無限多，他們一直從耕作過程中累積經驗、尋找成功的可能，有機實驗或許不會出現唯一的標準答案，但無疑是為苑裡農村帶來更多的能量、創造更豐富的樣貌。

7

一顆蘋果，兩種觀點
蘋果×梨山×榮民

蕭彗岑

✦即將消失的蘋果樹

二〇一四年，我和好友抵達環山部落。這是我們第五次到環山部落做田野調查，環山部落位於中央山脈台七甲線沿線，夏天涼爽，冬天寒冷，是攀登大雪山的登山口。在我們查詢的資料當中，一九七〇年代，環山部落因為蘋果致富，竟比當時的台中市還富裕。

但現在的環山部落，已經不再有滿山遍野的蘋果園，取而代之的，是梨樹和水蜜桃樹，在八月的艷陽下，包裹著水梨和水蜜桃的銀色套袋，反射陽光，整面山坡看起來閃閃發亮。

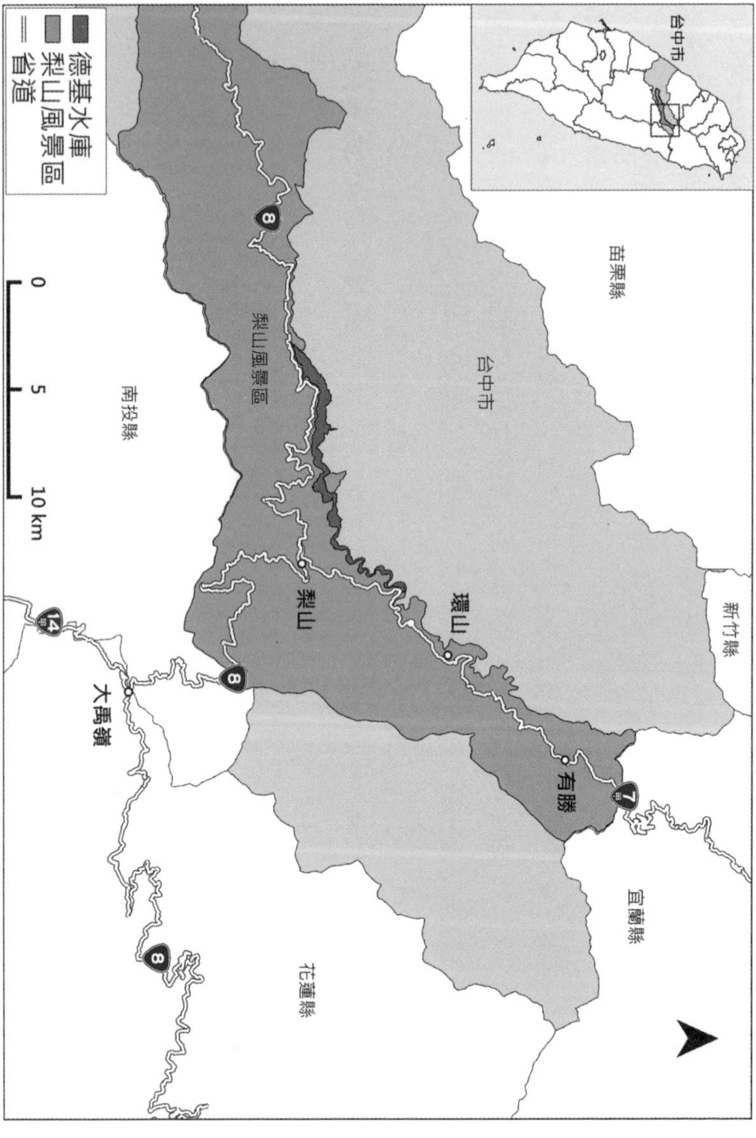
德基水庫
梨山風景區
省道
台中市
苗栗縣
新竹縣
宜蘭縣
南投縣
花蓮縣
梨山風景區
梨山
環山
有勝
大禹嶺
0
5
10 km

我們在部落裡轉來轉去，四處打探，偶爾發現零星的蘋果樹。這些蘋果樹，熬過一九八〇年代，台灣陸續開放國外蘋果進口的時期，當時蘋果價格下跌，蘋果農紛紛砍除蘋果樹，改種其他水果。留下來的蘋果樹，靜靜地安好在山上，記憶著高樓起，又眼看樓塌了。

從夏天開始，我們陸陸續續造訪了環山部落好幾次，我們在山上問人，要到哪裡去找蘋果園，我們得到一些不精確的標示，例如沿著部落外圍的道路往上走，某個牌樓右轉，繼續往前走……。搭乘國光客運上山的我們，沒有交通工具，徒步走到部落邊緣，不知道哪來的勇氣，搭訕了路邊運送肥料的大貨車司機，請他載我們一程。大貨車熟練地在山路上彎來彎去，在某處寺廟的牌樓前，我們下了車，開始往上走。越來越陡的道路，兩邊盡是相似的樹林，看不見任何人居，當我正害怕著「會不會就這樣在樹林裡繞圈圈，最後就迷路了⋯⋯」，眼前卻突然開闊，中央山脈延伸開來，平坦的稜線一路可以望到遠處的福壽山農場，天氣正好。

我們又繼續往前走，經過一大片幾乎是一望無際的高麗菜田之後，欣喜地發現，更深處果然有一處果園，離果園入口不遠處，是一棟房舍，有個看起來像是老闆娘的人，正在分裝蘋果。我們試探地打了聲招呼，她臭著一張臉，不願意理會我們，當我們說到了收地的爭議後，老闆娘總算開始和我們聊了起來，並讓老闆帶我們進到蘋果園裡。老闆指了指步道旁邊雜草叢生的坡地，說這原本是某某人的土地，但是被政府收地之後，就成了眼前這荒蕪的樣子。老闆娘氣憤地說，政府再過一個月，就要強制收回土地，還要求他們自己動手，砍除自己土地上的蘋果樹。

政府要收回土地，目的在於水土保持，但我卻想起曾有農民告訴我：「我們是最能保護土壤的人，因為沒有土壤，就種不出作物，也沒有收成，所以我們怎麼可能放任土壤流失呢？」

老闆娘再三交待，千萬不能告訴別人他們果園的名字。老闆則說，看到別人果園裡的果樹被砍，他也是會掉眼淚。在客廳裡，老闆座位後方，是農委會發放、印上精美水果圖案的月曆，正巧翻到了十一月，月曆上印的是蜜蘋果。老闆得意地說，他的蜜蘋果入選台中市農產品特產，但諷刺的是，照片中生產出蘋果的蘋果樹，就要消失了。

✦壞名聲

戰後，透過台日貿易與美援人員，溫帶蘋果進入台灣人的生活，彼時，進口蘋果的額度受限，不論是進口或是本地產的蘋果，價格都很高，如果家中有人買了蘋果，一定是全家人珍惜共享。在那個年代裡，上山種蘋果，等於是種了一株黃金樹，至今，梨山上的人們都還記得，一九七〇到一九七九年，是蘋果的黃金年代。但隨著台灣逐步開放貿易限制，日本、韓國、美國、加拿大、法國、智利、阿根廷、澳洲、紐西蘭……溫帶國家的蘋果浪潮席捲台灣市場，原先珍稀高貴的水果，頓時變得平價普通。

一九八〇年代的省議會公報中紀錄了一場爭論，反對美國、加拿大蘋果自由進口的議員，在提案中說：「進口商、大盤商紛紛加入進口行列，致使國內蘋果的進貨量大量激增，超過需求的實際數量，以致市面價格大幅度下跌，一度曾經出現八、九粒一百元的廉價蘋果，進口商無利可圖，反而嘗到了賠本生意的苦果，即將影響國內蘋果生產業者利益，假如再開放蘋果自由進口，本省蘋果生產業者必然陷入艱苦的經營環境。」

而支持進口的省議員，則認為，不應為了少數果農利益而放棄多數人的利益，還有些議員說：「進口蘋果雖對他們（蘋果農）有影響，但他們每年每公頃收益仍有九萬餘元之譜，反觀目前一般農民每年每公頃的稻田，則僅有四萬餘元，自由進口不但可平衡貿易的逆差，亦可緩和梨山的濫墾，德基水庫的安全可獲確保。」

對台灣來說，蘋果到底是一種幸福，或是災難呢？

二〇〇四年七月一日，強烈颱風敏督利侵襲台灣，颱風本身的降雨，以及後續西南氣流帶來的持續性降雨，在台灣造成嚴重的水災和土石流，「大甲溪沿岸在敏督利颱風惡水肆虐下，衝起千層泥浪…（七月）三日晚間大量雨水挾帶著土石沖入台中縣東勢鎮，…夾在暴漲中嵙溪與石角溪之間，鄰近的山坡地又不斷有大水挾帶土石往下衝，…一位陳姓居民指出，當天衝下來的大水足足有七、八十公分高，水勢之大連車輛都隨水漂流；每個人的家裡也都因此塞滿泥土，最嚴重的地方，土石將近一層樓高。」（王秀華，二〇〇四年七月九日，〈敏督利重創臺灣 造成慘重災情〉，《大紀元》）

災後，行政院集結了一群學者，成立調查小組，進行災害原因的評估，在「七二水災災區調查與復建策略研擬」報告提到，敏督利颱風之所以造成嚴重災害，並非單一原因導致，九二一地震之後，台灣山區土石鬆動，加上敏督利颱風帶來的強降雨，因此致災。在此，高山農業並未被當作是主要的致災原因。但最後在行政院經建會調查小組的報告中，高山農業卻被特別強調是造成土石流和水災的元凶。同一年，行政院通過《國土復育條例》，在海拔一千五百公尺以上的山地，除原住民自給自足所需，將限制農耕及其他開發，需拆除既有的設施並廢耕。

二〇一三年，齊柏林導演的《看見台灣》轟動一時，也榮獲金馬獎最佳紀錄片的獎項，這部記錄片從高空拍攝台灣地貌，展現出許多美景，也顯現許多環境汙染。

當時的行政院長江宜樺出席了電影試映會，他看完電影後，集結一群專家，要解決電影中所呈現的環境問題：高山農業，更加被認為是水土流失的原因。齊柏林在《我的心，我的眼，看見台灣》一書中說：「我來自公務員家庭，從小就聽大人說十大建設如何偉大，所以我一直以為，梨山上的果樹菜園是一種人定勝天的表現，不僅征服了自然，還讓老榮民有個安家立業之處。但其實高山農業所造成水土的破壞是難以恢復的。拍照之後，我開始不買高山蔬果，算是我對這塊土地能做的一點小事。」

蘋果是溫帶水果，在台灣，高山才有足夠的低溫期，讓蘋果樹開花結果，當高山農業逐漸成為眾矢之的，農業逐漸被推出山區，蘋果也間接失去了立足之地。

✦採蘋果的人

在省議員的評估報告或是紀錄片中所顯現的農人們，皆面貌模糊，被化約成：為了龐大利益上山開墾的人。但，那些梨山上的蘋果農，實際上都是誰呢？

在早先年代，台灣高山上，除了福壽山農場，最適合生產蘋果的地方，就是台中和花蓮的交界：大禹嶺。種植蘋果的人多是退伍的榮民，一開始，大禹嶺住的百分之百都是外省人。當國民政府在一九四九年撤退到了台灣，因經費不足，無法安頓全部的軍人，有些軍人在軍隊中掛有職務，但卻領不到薪水，而有些人，則被轉介去做當時的基礎建設，又有些人用政府所保證的「戰士授田證」，換取台灣高山上的土地。

當時島上突然湧入大量的軍民，大家都在急著尋找一處可以落腳、可以開墾、可以保有生計的地方。戰士們分配到了高山上的土地，但同時，許多平民百姓也湧入山區開墾。當時的民情氣氛，「墾民迫於生計，不惜與管理機關周旋到底以阻撓收地與造林，糾紛時起，並難完全禁絕，社會上輿情又同情墾民一方，使處理上更增加困擾，單憑強制手段已不足以解決問題……」（省府委員會議檔案，一九六七，國史館台灣文獻館，典藏號：00501091420。）

在這樣混亂而急迫的情況底下，已經沒有餘裕讓管理單位和開墾人悠閒地分配土地，商討該處土地是否合於雙方意見。我們在訪查中遇到的朱先生，他的父親跟隨國民政府來到台灣，面臨的就是這樣的處境。由於軍人身分，他得以被分配到位於梨山上有勝（現稱「勝光」）一帶的土地。

一九五五年，台灣省立農學院組成調查隊前往梨山，調查山區果樹栽培的潛力，調查隊雖然遇到吊橋崩斷，溪水洶湧，以致於無法繼續往「有勝」前進，但調查隊仍對有勝寄予厚望，認為「有勝現雖無人居住，惟地積頗廣，極有開發利用之價值，尤以蘋果之栽培最為有望。」

雖然農學院的調查小組對有勝寄予厚望，但朱先生的父親並不這麼想，他看了看有勝的土地，再估量一下新建好的中部橫貫公路，就決定夥同朋友，一起到大禹嶺去開墾。和有勝相較，大禹嶺土層中岩石較多，海拔更高，更深入中央山脈核心，冬天的氣候也更加寒冷，應該更難生活。但大禹嶺卻位於中橫沿線，每日皆有金馬號通過，交通便利。那時的金馬號客運能夠橫跨中央山脈，從台中一路翻山越嶺到花蓮。位於金馬號沿線，有利於人員與物資運輸。

一九六〇年代的金馬號，是高級得不得了的長途客運車，車身側邊有隻金色的馬，車輛內裝有冷氣、有冰箱，還有隨車的金馬號小姐遞茶水毛巾，那時「天上飛的是中華，地上跑的是金馬」。

同鄉之誼，使大禹嶺成為榮民聚居之地，村名榮興村。墾民在高山上，隨著自己的意志尋找便於開墾和立足之地，而林務單位卻也努力地想要收復這些脫逃於規矩之外的土地，一九六九年，終於施行《濫墾地清理條款》，並開始丈量這些被「非法」開墾的土地。

在這個《清理條款》當中，已開墾的土地，可以向林務局登記，登記後，林務局根據土地上所種植的果樹種類、果樹數量，以及每一年度波動的水果價格，換算為「果實分收金」，每年年底，再寄信給土地的登記人，通知其應繳納的果實分收金。對耕作的果農來說，這一筆開銷的意義，等同於繳租金。

林務局透過這項清理的措施，漸漸地掌握了山區開墾的地區和人員，那一本清單，將雜亂無序的農人、農田，轉化為條理清晰的制式表格，隨著中央單位對於收地的態度轉趨嚴厲，這份資料已經不再用來收取果實分收金，而是要用來寄出存證信函給開墾者，要求還地、砍樹，不然就上法院，接著，與警察、拆除大隊合作，將清單上的房舍和果樹從地上抹去。朱先生說，林務局長曾經告訴他，山上「最好就是沒有人的山林」。

二〇一六年，我和好友到梨山林務局工作站，進行短暫的拜訪，我瞥見了那張清單，偷偷地用眼角餘光看著，想知道，臭臉老闆娘他們的果園是否也在那張清單上，是否就在翻開的那一頁。

若是查詢台中地方法院民事判決，「返還土地」、「返還林地」，就能查到一連串農人不服判決，向法院上訴的紀錄，一長串的判決記錄開頭，是「當事人請求返還林地事件，上訴人不服本院〇〇簡易庭……判決，提起上訴到院……」。但不論上訴的原因是什麼，上訴幾乎都會失敗。果農輸了官司，繳回土地，同時還需要負擔訴訟費用、林務局拆除地上物、砍除果樹的強制執行費，以及林務局停止租約迄今，果農的「不當得利」，這些種種費用加總起來，大約要數十萬元。如果沒辦法繳納，果農名下的財產就會被查封拍賣。在山上耕作的老人家，土地被收回，樹被砍完，半年之內就在山上去世。在某次收地的過程中，曾有老農民向官員下跪，朱先生憤怒地說：「可以跪天、跪地、跪父母，怎麼可以跪那樣的官員！」

梨山上的果農也曾經嘗試集結抗議，但果農們分散在梨山上不同的地方耕作、居住，光是要集結，然後再前往台北，就是一項難題。首先，遊覽車必須從山下開到山上，出發的時候是半夜，又有許多七八十歲的老者同行。遊覽車沿路蒐集人，一個區段、一個區段地分批將人接上車，遊覽車再沿著山路下山，抵達台北城。然後，抗議陳情結束後，遊覽車再把所有人載回山上，出發時是半夜，回家時也是半夜。

朱先生說：「我們農民真的很次等，尤其是梨山的農民，我們不是作奸犯科，我們是老老實實在山林裡面工作，靠自己的實力耕種，而且還要對抗天災，但我們第一次上法院，竟然是因為林務局控告我們。」朱先生自己並沒有聘請律師，而是和太太一起鑽研法律術語，自己從六法全書、土地法當中的條例中去試試看，找尋上訴成功的可能性。

但果農上訴成功的例子幾乎沒有，林務局和果農之間的訴訟，是以民事案件處理，林務局就像是房東，代替政府行使土地所有人的權力，而果農就像是房客，房東不願意租地給房客，房客無可奈何，因此，果農總是打輸官司。

另一果農也曾經到山下的法院出庭，沒有轟轟烈烈的過程，他的出庭非常簡單，法官問他，你願不願意還地，「不願意！」他只說了這麼簡單的一句話。而他的不願意，當然不具備任何力量。

朱先生的土地確定被收回之後，他也沒有力氣繼續去抗議，「已經走到這一步了，精疲力盡了啊，你能怎麼辦？」我問朱先生能不能帶我到他被收回的土地看看，他只告訴我那塊地是在中橫沿線幾公里的地方，他說，怕回去會太難過，不想再去看那塊地了。

✦帶來轉機的蜜糖甜心

經過一連串的控訴、強制收地，大禹嶺上種蘋果的人越來越少，台灣的本土蘋果看似將走向末日，但卻有轉機出現了：蜜蘋果。

蜜蘋果似乎重現了蘋果當年的榮景。在梨山上耕作的阿珍告訴我們，有一次，她端了一盤切好的蘋果出來，招待山下來的客人，客人吃完了，卻不認為這盤蘋果有什麼好吃。阿珍就將這盤水果端入廚房，重新端了一盤蘋果出來，然後告訴對方：「這是蜜蘋果」，這名客人卻馬上說：「這好！」「這好？」她心裡疑惑地想著，這兩盤是同一盤蘋果啊！第二次出場，被特意加上「蜜蘋果」的名字，在客人眼裡，蘋果口感就跟著升級。

實際上，蜜蘋果並不是一種新的品種，很多品種的蘋果都可以種成蜜蘋果。而什麼是蜜蘋果的樣子呢？就是剖開蘋果之後，在蘋果的橫剖面上，可以看到星狀的、顏色較為深黃、接近琥珀色的結晶，這些結晶就是蘋果營養聚積較為濃厚的地方。在梨山上長大的高先生說，這以前就有了，只是以前看到這樣的蘋果，會覺得是放了太久，產生瑕疵。

蜜蘋果並不是壞掉的蘋果，而是在晚冬收成的蘋果，此時，蘋果樹的糖分會回流到蘋果上，因此就形成了較為深色的沉積。蜜蘋果並不是一種特殊的品種，也沒有發展出特殊的栽培方式。而且在普通人眼裡，無論有結蜜或沒結蜜，外觀看起來都一樣，如果想吃到蜜蘋果，就得賭，選定、買好、離手，切開之後，才會知道賭對，還是賭錯。但還是有農人充滿自信地說，他特別能夠種出結蜜的蘋果，並且依照蘋果外皮的樣子，就能夠知道哪一顆有結蜜。

台灣本土的蜜蘋果，產量稀少，價格高昂，相較之下，國外進口的蜜蘋果，內部同樣結蜜，但價格低廉許多。不過，對許多台灣的消費者來說，國外進口的蜜蘋果是「假的」，產自台灣本地，才算是「真正」的蜜蘋果。

✦減少里程數的「好」蘋果

「蜜蘋果」受到歡迎後，本土蘋果的行銷就加入了「蜜蘋果」的字眼，而在某些網站上，蜜蘋果甚至和環境友善連結在一起。二〇一五年，當我在網路搜尋「蜜蘋果」字眼的時候，就發現了某個注重環境友善的網路市集也有賣蜜蘋果。這個網路市集的自我介紹裡，大聲疾呼「到底還有什麼是可以吃的？」顯現出對食物安全的極度不信任，他們希望連結在土地上誠懇工作、卻不懂得賣東西的有機農民，以及極需安全食物的消費者，希望藉此，讓下一代可以健健康康地活下去。

這個網站所展示的台灣本土蘋果，不是破壞土地的兇手，絕對沒有化學物質殘留，蘋果表面也絕對不打臘，網站還把蘋果農被林務局收回土地的困境也一併陳述出來。

台灣本土蘋果也獲得了主婦聯盟的青睞，為了減少排放碳足跡，主婦聯盟替消費者選擇了台灣本土蘋果。二〇一三年，主婦聯盟出版品《綠主張》，在〈秋末的山林美味——大禹嶺蜜蘋果即將缺席〉提說：「今年產量僅剩往年盛產量的十分之一；農友們開玩笑說：『蘋果樹知道自己要被砍掉，嚇得生不出蘋果了！』面對果園即將被政府收回造林的大禹嶺果農，期待著最後一次的收成，在這個似乎被上天遺忘的角落，……看到被強制收回的果園上，噴灑過除草劑後，種上不知是否能越冬的小樹苗，實在令人懷疑這種不管坡度大小的清園砍伐，對山林的維護是否真的具有意義。不僅讓裸露的林地有著土石被沖刷的風險，也讓在山上努力多年的農民因為失去依託而絕望。未來合作社除了努力為社員再尋找其他的台灣蘋果外，也將與社員進行進口蘋果可能性的討論。」

上文提及的「小樹苗」，是林務局收回土地之後，為了造林所補植的樹木。林務局收回林地，砍除地上的果樹之後，將種植樹苗的工作發包給廠商，廠商則種下青剛櫟或是楓香的小苗。小樹苗剛種下去時，還很稚嫩，因此，通常在樹苗旁邊，會有一根細竹竿，用來支撐樹苗，植樹承包商要負責定期修剪「雜草」。植樹造林本就有困難之處，在山上造林，沒辦法時時去澆水、除草、修剪，新的林木能夠長成與否，看起來也是運氣。有些新植下的樹木順利長成了，但另外有些造林地，就沒那麼幸運。梨山上的農民對之抱怨連連，說是小樹苗根本長不大，幾乎都被其他野生的雜草所淹沒了，小樹苗長得細細瘦瘦，或是枯黃死亡，既然如此，當初收地之時，為何又要將幾十年的果樹給砍除，改種這些瘦弱而尚無抓地能力的小苗呢？

✦ 一顆蘋果、兩種評價

曾經，身邊有朋友談論起環境問題，嚴厲抨擊高山農業造成了水土流失，說著說著，再談回高山上種出來的水果。他說，前幾年在福壽山農場認養了蘋果樹，一年只需繳給福壽山農場數千元，到了蘋果收成的季節，就可以上山摘蘋果，他說，到了採收季節，就邀請大家一起去採蘋果。

福壽山農場是國民黨政府撤退來台之後，安置退除役官兵的高山農場，此處是高山山脊上一處難得的廣大平坦地帶，上山謀生的人們砍除原始森林，搭建房舍，開闢農田，種植果樹，農場內種有一大片品種不一的蘋果樹，還有棵生長了數十年的蘋果王，樹枝上嫁接了從世界各地蒐集而來的蘋果品種。

在山上，如果問人哪裡能找到蘋果園，人們多半說，要找蘋果樹，以前可以到大禹嶺，現在就只能到福壽山農場了。蘋果，是福壽山的招牌。福壽山農場接送遊客上山的巴士，稱為「蘋果號」，有幾年的時間，農場也推出了認養蘋果樹的活動，最近新建的度假小木屋，外型也是蘋果。

我聽著朋友熱情的邀約，卻覺得有些矛盾，他所認養的蘋果樹，不就是生長在高山上，也就是他所抨擊的高山農業嗎？

同樣一顆蘋果，可以是破壞自然的幫兇，也可以是減少溫室氣體排放、支持本土農產、愛護環境的代表。同樣是摘蘋果，果農們摘下蘋果，跟一個觀光客在果園裡摘下蘋果，卻受到不一樣的對待。這些不同的價值觀，雖然相互矛盾，卻始終並存。

✦現在進行式

二〇一八年，在朋友介紹之下，我們來到位處大禹嶺的蘋果園，在這裡，沒有明確的地址，而是用中橫沿線的里程數標示位置。放眼坡地，是一片綠色的植被，要是沒有人說明，就算開車經過也不覺得有什麼特別。

這原本是一片蘋果園，經營迄今第三代，幾年前，蘋果園的土地開始被逐步收回，目前果園只剩下原先的三分之一。在三分之一的土地上，經營果園的女兒和母親，仍然繼續耕作，園子裡栽培著好幾種蘋果，秋香、青龍、北斗、惠。這些蘋果都是在過去數十年的日子裡，或透過官方正式管道，或是透過私人夾帶花苞偷渡引入台灣，每一個品種，都標記了一種口感，一段歲月。

秋香、青龍、北斗和惠，都在三四月開花。白色底，略帶著粉紅色光澤的蘋果花，開在那片三分之一的土地上。果園女兒說，蘋果同時開花，結大果的時間卻不相同，秋香八月，青龍九月，北斗十月，惠則是十一月。

另三分之二的土地，收回造林之後，被種下櫻花，果園女兒指著造林地上的花樹跟我說，改天櫻花盛開的時候，可以來看看，還蠻漂亮的。

在他們的果園裡，若蘋果收成賣相不佳者，就會用來釀造蘋果醋，我們一聽到有天然果醋，馬上就想要買幾罐，但果園女兒卻不太想賣給我們，拉鋸的過程中，一輛小巴慢慢駛近，看到巴士，她臉上表情登時歡快起來。原來，這群登山客每年都會在固定時間來到這裡，登山客和果園母女儼然已經變成好朋友，她要留那些蘋果醋，就是要等著這些客人。

果園女兒和母親忙著招呼那些熟客，而我們也準備開車離開，看他們那樣開心的樣子，我想著，不知道明年再來，能不能看到蘋果花盛開？

PART IV

燕子螞蟻，你滿意嗎？

動物來協作

8

口水的商機
馬來西亞華人燕窩產業

郭育安

無論是迪化街、中藥行裡、逢年過節孝敬長輩的禮盒，抑或是中國古裝劇裡的宮廷食膳中，都可以看到「燕窩」的蹤影。生活在台灣，大抵不會對燕窩太陌生，約略是一種「好貴、好高級、貴婦在吃」，而且具備防老養顏療效的形象。自清代以來，燕窩便與海參、魚翅、魚明骨、魚肚、熊掌、鹿筋、蛤士蟆併列於「清代八珍」中，更是宴席上的上乘佳餚；然而，燕窩的高貴從何緣起？在哪生產？誰在生產？又是如何生產？我們除了知道燕窩為燕子以口水築成的鳥巢之外，其餘幾乎一無所知。

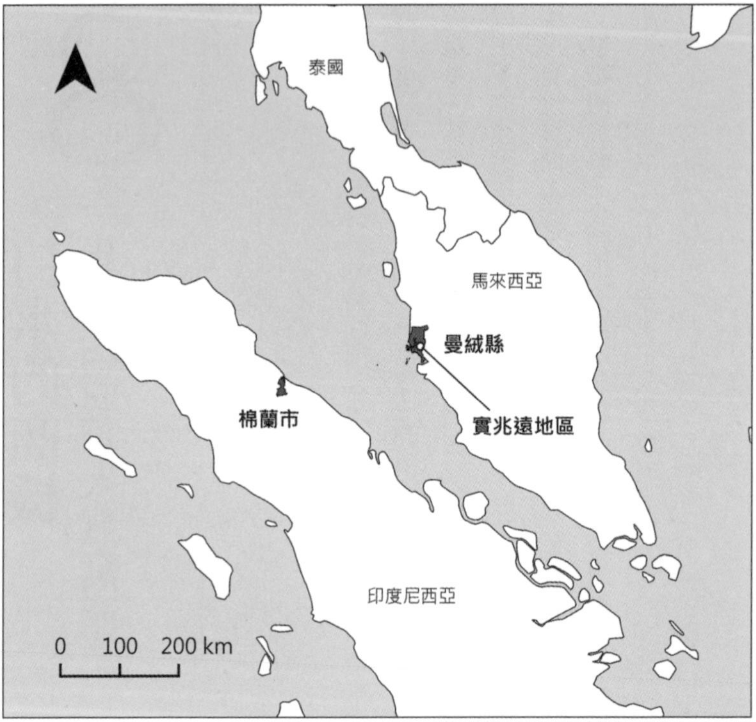
泰國
馬來西亞
曼絨縣
棉蘭市
實兆遠地區
印度尼西亞
0 100 200 km

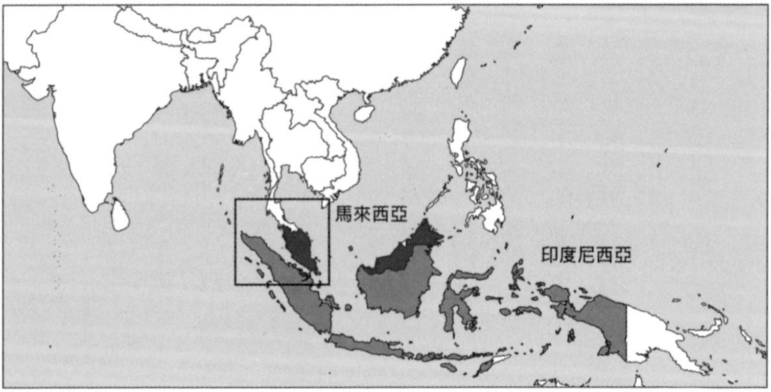
馬來西亞
印度尼西亞

口水的商機：馬來西亞華人燕窩產業

郭育安

✦華人食用燕窩的起源

中國雖不量產燕窩，卻是燕窩的消費大國；相較之下，東南亞的燕窩產量雖大，但消費端的市場卻始終不成規模。根據二〇一三年的一份資料，全球每年燕窩交易利潤超過四百五十萬美元，其中印尼就占了近百分之八十，其他國家包括馬來西亞占百分之十三、泰國占百分之五、越南占百分之二，而檳城、新加坡及香港，都曾經是燕窩重要的轉口貿易港。據一些資深的業者所說，燕窩這行，百分之九十都是華人在養，百分之九十都運往中國。

關於華人燕窩食用與消費的緣起，坊間大抵有兩種熱門說法，其一是女皇武則天據說經常食用燕窩來養顏美容。另一說法，某次鄭和下西洋途中，船隊因風暴而停泊在馬來群島的某個荒島上；船員飢不擇食的困境下，採摘山壁上的燕窩充飢，卻誤打誤撞發現燕窩的功效——從此燕窩成了朝廷貢品，也順理成章有了「官燕」、「貢燕」的稱號。這兩種傳說，直到今日仍常見於各地的燕窩行銷之中。

傳說真假早已無從考據，但可確定的是，關於燕窩的記載大多是在清代以後，包括皇室飲宴、小說題材、南洋的朝貢體系與關稅等；同時，燕窩的食療效果，也開始被整合到中醫的知識系統中。直到今日，華人食用燕窩的風氣仍然歷久不衰，其高貴奢侈的形象也從未改變。二〇一三年十月，中國國家主席習近平訪問馬來西亞，當時的國家元首端姑阿都哈林（Abdul Halim），就以燕窩為「國禮」贈與習近平。燕窩不只是燕子的口水，更象徵著「吃」出來的社會階級。

✦燕窩與牠們的產地

阿金伯是馬來西亞燕商界的前輩兼知名人物，面對我的發問，他好似所有問題早已嫻熟於胸，帶著精明生意人獨有的那種圓滑語氣。投入養燕多年，他當然熟知燕窩生產的每個環節，阿金伯說，全世界約有七十種的燕鳥，其中只有三種以唾液築巢且可以被食用，其他燕子都是使用草或泥巴去築巢，如台灣常見的家燕。

阿金伯所說的這三種鳥類，類屬雨燕科（*Apodidae*）的金絲燕屬（*Aerodramus*），此屬以下的物種通稱「金絲燕（swiftlet）」。金絲燕羽毛呈黝黑色，雌雄相似，體型略小於家燕（如圖片）。在潮濕炎熱的印度、東南亞與太平洋區域皆能發現其蹤影，中國的國境之南——海南省大洲島亦是金絲燕群棲營巢之地，因此有燕窩島之稱。不過，由於金絲燕無法生存於四季分明的地區，故中國始終未見大規模的燕窩生產。

金絲燕為少數以唾液造窩的群集鳥類，也是少數具有回聲定位系統的生物，牠們對聲音極其敏感，易受到同類的聲音所吸引。為了保護雛鳥，繁殖後代，牠們利用回聲定位的本事，尋找遮風避雨、躲避天敵之漆黑山洞。因此，東南亞遍布的海島山洞就是得天獨厚的環境，號稱千島之國的印尼，也成了現代養燕產業的發源地。

燕窩的生產方式，可以依場所分為大略分為兩種：山洞壁上野生的燕子，稱為洞燕，與在屋簷下築巢的燕子，稱為屋燕。峭壁上的洞燕總產量不多，採摘過程也十分危險，面對龐大的中國市場早已供不應求；再者，為了抑制猖獗的盜採，許多

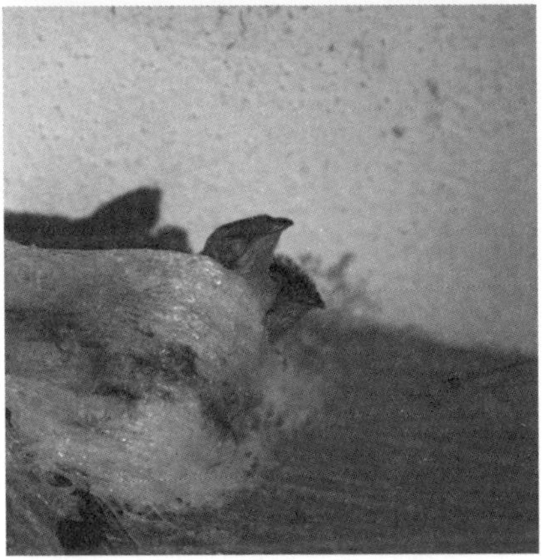

上｜棲息於北馬的金絲燕
下｜燕窩與雛鳥

洞燕區域已列入政府管轄的自然保護區，如前述提及的海南大洲島。因此，現今大多數的燕窩都是在人造環境下生產，而這些人造環境，就是所謂的「燕屋」。

早期的印尼人發現，除了山洞以外，無人居住的老舊空屋裡也能發現牠們的蹤影；於是，印尼養燕人「借屋使力」，嘗試有目的性的引燕，逐漸發展出一套更有效的燕屋養殖方式，即「燕屋技術」。當燕窩採收、收購、洗淨、貿易、包裝、銷售等程序，發展成上下游產業鍊的規模時，就是今日的燕窩產業（edible bird's nest industry），也稱為養燕（swiftlet farming）。

✦只有氣孔的神秘屋子

以往的屋燕多為「自來燕」，意指燕子主動飛來屋簷下築巢。在華人的文化裡，燕巢有聚財風、人丁興旺、燕來福氣等吉祥的意象，因此燕子這個物種十分討華人喜愛。

而後為了發展燕窩經濟，人們開始興建燕屋，以更複雜的技術來吸引燕子築巢。所謂的燕屋，外觀上是一個只有氣孔、沒有窗戶的灰色屋子。阿金伯說：「對早期的印尼人來說，是一個非常神祕的行業，因為都不給人家知道。」原因除了怕人類進出的氣味影響燕鳥的居住品質，對於屋內環境衛生引發的疑慮、燕屋內部構造所隱藏的商業機密，以及燕窩盜竊猖獗等問題，燕屋通常都是大門深鎖、外人無法輕易進入。再加上二十世紀末，印尼政治、社會上的族群歧視與反華情緒，因此，掌握養燕技術的華人對此間諸般門路更是諱莫如深。

養燕在印尼已有近百年的歷史，在馬來西亞卻是近二十年發展的事。據文獻紀載，十九世紀中葉，馬來西亞砂拉越的沿海山洞開始出現燕窩採收與交易的活動，且多由少數民族與砂拉越政府所掌控；但到了一九九〇年代後期，原本在大馬沒沒無聞的燕屋，卻如雨後春筍般地冒出，全馬各地的大城小鎮，

燕屋的一種型式（作者攝於檳城郊區）

尤其是沿海城市，都能見到這種灰色的屋子。到底養燕產業是如何轉移到馬來西亞的？阿強，一位有著二十年經驗的大馬燕農，告訴我一切都要從印尼排華的慘烈事件開始。

✦逃命後的異地生機

一九九七年，亞洲金融風暴迅速地動搖全印尼的政治、經濟與社會。通貨膨脹加劇了原本的貧富差距，再加上國內政治長期動盪不安，以及有心人士操弄反華情緒，導致印尼人民將一切不滿及動盪的矛頭，指向掌握較多經濟資本的華人。到了一九九八年五月，舉世震驚的「黑色五月暴動」爆發。在雅加達、棉蘭、泗水等華人聚集的城市，諸多華人住家與商家遭到洗劫、燒毀，婦女被群姦、折磨，約上千人遇害，而當時的印尼蘇哈托政府與軍方卻沒有任何作為。

華人能逃就死命地逃，很多人就往北逃到馬來西亞避難。這其中就包括了阿強的朋友，一位印尼棉蘭華裔。

這位印尼朋友原本在印尼就從事養燕業，逃難後為了在馬來西亞尋求生存之道，他請阿強尋找有沒有這種會用口水造窩的燕子。當時，阿強對此一竅不通，自言自語地說：「不知道他在說什麼，什麼養燕？哈，從來沒聽過。」後來才發現，馬來西亞，尤其西馬的沿海城鎮，其實已有許多金絲燕，卻沒有人真正用「屋子」在養燕。爾後，印尼朋友提供既有技術，和阿強合夥從事養燕，在當地闢建燕屋、觀察金絲燕的生態，並研究如何引燕，他們是馬來西亞第一批養燕人。

印尼暴動稍和緩後，他們去蘇門答臘的最大城市棉蘭拜師學藝，除了距離大馬霹靂州實兆遠（Sitiawan）一帶相當近，這兩地區亦是華人比例較高的地區。因此，實兆遠成了西馬養燕產業發揚光大的源地。阿強總結道：「不是印尼排華事件，我相信養燕業在馬來西亞還不會那麼快地擴散起來。」

同時，一九九〇年代始，東南亞房地產出現泡沫化的現象，亞洲金融風暴更是衝擊馬來西亞的房地市場，面臨前所未有的低潮，屋價崩潰大跌。這些印尼企業家和馬來西亞華人合作，將這些乏人問津的低價空屋改建成燕屋，作為一種另類的房地產投資。當時實兆遠的房地產還因此漲幅不少，在燕屋房地產界還流傳著這樣的順口溜：「有車有房，不如有間燕屋，你養燕子一陣子，燕子養你一輩子」。

這群在霹靂州的養燕先驅成功率非常高。當時整個區域可能就只有幾棟燕屋，很容易吸引到燕子，號稱「一次性投資，躺著等燕子飛來發大財」。許多大馬華人眼見輕鬆好賺，紛紛跟風投資，將空置、乏人問津的屋子拿來養燕；不少人也如阿強一樣，專程到印尼拜師，學習養燕竅門、知識與技術。

不過，養燕技術仍有許多曖昧難解之處，比如，關於鳥的聲音。

✦把鳥聲帶回來：飄洋過海的卡帶

我在大馬屋燕技術發源地——霹靂州曼絨縣實兆遠——遇到一對父子，帶有江湖味的父親老田是馬來西亞華人，正是大馬第一批養燕人；他的兒子，斯文有禮的小田繼承了衣缽，繼續在養燕這行浮沉。

一九九七年左右，老田發現實兆遠有不少自來燕在屋簷下築巢，萌生了對養燕活動的好奇心，便和幾個朋友到印尼棉蘭考察，用卡帶和播音設備帶了「燕子的叫聲」回來。可當時錄出來的聲音很雜亂，各種成鳥、雛鳥、以及不同情緒的鳥聲都混在一起，有時還會參雜許多雜訊，導致引燕效果並不如預期。

他們不知道印尼人怎麼錄出乾淨的聲音，那是一種特定的引燕聲，像是把一隻鳥的歌聲單獨挑出來。當時馬來西亞的聲音技術尚做不出那種鳥聲，老田專程去印尼買卡帶，那裡的人都不單賣給他，因為他們要賣一整套的音響設備，賺這些機器的錢。老田一夥人花了三千馬幣，還扛了一大包音響，就為了那片印尼養燕人獨門的燕聲卡帶。

一整套設備扛回來，在燕屋裡安裝好聲音後，還會有人在洞口旁偷錄聲音，防不勝防。在那個網路尚未發達的年代，屋燕活動仍相當隱密，好不容易拿到的卡帶視若珍寶，更別說是賣出去了。

老田憶起當年，由於沒有經驗與足夠的知識，只能人云亦云，前後花了不少冤枉錢，碰了滿鼻子灰。比如，有賣家推銷在燕屋裡噴某種藥水，燕子就會來這裡住了，一罐價格還不便宜——結果，這些要價不斐的藥水，大老遠搭飛機帶回來，卻連一隻燕子也沒引成。這些吃虧受騙的經驗，促使老田日後的養燕之路都是靠自己研究。後來有些朋友開始請老田為師，包括開燕屋洞口、安裝聲音設備等，老田也當作自己邊摸索邊做研究。老田說，燕屋能否吸引到鳥，大部分是聲音的問題；不過，起初還不太會分辨聲音品質的好壞，只能拿不同的卡帶到燕屋裡試試哪一卷效果較好。

小田也回憶到，過去父親車上就常備有卡帶，隨時去到哪就能播到哪。從實兆遠小鎮開始，老田「以聲尋燕」，四處尋找燕子的蹤影，逐漸將養燕事業推廣到大馬各州。

✦人造屋裡的燕窩生態

隨著音響技術的更新，卡帶逐漸被CD播放器取代，走進燕屋的玄關，會有個像卡拉OK的音響控制台，分別控制屋內天花板上，不同的喇叭播出不同情境的鳥叫聲。一個稱職的燕農必須是個能聽懂牠們聲音的燕鳥觀察家。金絲燕是種警覺性高、對環境條件要求苛刻的動物，牠們的一舉一動都反映著該間燕屋適不適合牠們居住。

燕農阿木叔從二〇〇〇年開始投入養燕業，對於燕鳥習性、燕屋內部的設計，可以說是瞭若指掌。我去拜訪他的時候，剛好遇到了採收燕窩的季節，於是，隔天我和當地朋友起了個大早，跟著阿木叔鑽進他的燕屋裡。「起了個大早」這件事本身也是有學問的——早上燕子飛出屋外覓食，因此是對屋內生態干擾最低、也是最適合採收燕窩的時間。

踏進燕屋時，我其實有點緊張。相較於屋外，裡頭陰暗濕冷，吵雜的鳥鳴，一股微微的腥味，還得注意樓梯間的步伐，避開鳥屎。

我實在分不清楚，耳裡到底是機器播出的仿燕聲，還是雛鳥或成鳥叫聲。阿木叔拿出一支像曬衣桿的工具，把頂端指向不同機型的播音器，再把耳朵湊過去聆

上｜燕屋內
右｜黑色方盒為播音器

聽，檢查這些不同功能的喇叭是否正常運作。阿木叔將那支「曬衣桿」遞給我，但我實在難以分辨其中差異——阿木叔說：「這就是經年累月聽下來的經驗，才能辨認出鳥鳴的細微差異。」

厲害的燕農經由長期的燕屋觀察、調整、研究，慢慢習得燕屋裡的聲音技藝。阿木叔還觀察到一棟燕屋裡面，除了成鳥、雛鳥之外，牠們之中還會有「領袖」。日落之際，燕群紛紛飛回屋時，會有一隻鳥宛如巡邏般飛進又飛出。這隻鳥就是這間燕屋的領袖。阿木叔告訴我，領袖的聲音跟其他鳥的聲音完全不一樣，「科嘎科嘎科嘎」的大聲、粗糙，聽了還有點嚇人。

不僅是人類觀察鳥，鳥也會先對燕屋觀察一番後，再選擇是否定居於此。金絲燕在安家落戶之前，會有一段「貨比三家」的觀察期，燕鳥會從燕屋屋頂的洞口飛入一個稱作「漫遊室」的空間，而後在天花板選一塊木板，插一根羽毛做記號，過不久再回來這個屋子，觀察這棟屋子住起來舒不舒服、裡面的溫度適合與否。

金絲燕選定燕屋安定下來後，便開始築巢、交配、哺育、繁衍後代。牠們是群居動物，一年約有三次吐巢季節，一個鳥群大約二三十隻，如同一個大家族。在燕屋的天花板上，不同家族的鳥群是分開的，長時間下來，燕子聚集地越來越多，子子孫孫可能都住在同一棟燕屋裡。

不過，金絲燕也可能會搬家。若燕農急於摘採燕窩，而不顧巢裡有無鳥蛋或雛鳥，燕鳥下次就不會選擇此間燕屋。因此燕農或採燕工人都會先確認巢裡無蛋、無幼鳥，才能採下燕窩；在這個檢查的工作中，有些人會拿工具檢查，厲害一點的燕農用肉眼即可判斷。由於燕子對於居住環境的敏感度極高，負責任的燕農會定期清掃燕屋，做好燕屋清潔與管理，以利維持屋內的生態環境品質，以及燕窩產量的穩定。

人工屋燕業已大幅降低生產與採收的成本，也避開了動物倫理的問題。屋燕養殖的特別之處，是依靠人為的技術，將屋內模擬成天然山洞，製造燕鳥喜歡的環境，吸引牠們來築巢。現代燕屋的基本要素，從只有卡帶到發展出一整套的養燕SOP，包括地點選擇、建築設計、溫度、濕度、光線、氣流以及聲音設備等。相較之下，不管野生洞燕的巢裡有無鳥蛋或雛鳥，千辛萬苦的攀爬工人通常照採不誤，因此以往「吃燕窩」才被認為是殘忍、不人道的消費選擇。而屋燕養殖的方式省卻了攀爬成本，也為了維護屋內的鳥群生態，而大幅減少傷害動物的情況發生。

✦養燕狂潮

對很多養燕人而言，天時、地利、人和，缺一不可。燕農阿強跟我說，敢做第一間燕屋就是佔了「天時」，一定可以吸引到很多燕子築巢；而把燕屋設在河口、海口、平原等食物鏈豐富的地方就是「地利」；如果不懂養燕技術，就找一個「燕屋顧問」來設計與管理燕屋，找對人了就是「人和」。找到對的合作夥伴，就是坐擁金山；如果人和有失，那得賠錢了。

到了一九九〇年代，中國適逢改革開放後的經濟高速發展，高價位的燕窩市場需求大增，大馬華人圈更競相興起養燕的熱潮，全馬在短短幾年內冒出高達十萬間燕屋，成了新的致富手段。一時間，馬來西亞出現了大量的「燕屋顧問」，印了名片，就可以自稱燕屋專家。當時還有許多養燕座談會，客群多半是缺乏養燕經驗與知識的新手燕農。然而，這些專家到底有多專業？在這段熱潮之下，似乎更加真假難辨。因為，不管你說的是真是假，各路專家都是先噱了一筆再說。

這些燕農大多都有其他的營生方式，養燕只是眼看價錢不錯，當作額外投資的副業。但是，養燕其實是門成功率非常低、投資成本相當高的豪賭，動輒幾十萬上百萬；不少人養了好幾年才採到幾十個窩，連本都沒有。除此之外，有的燕農在與顧問購買設備後，才發覺自己被騙——錢都砸了，萬事俱備，屋內卻不見半隻燕子；找了其他專家來看，才發現原來播放的聲響是「燕子打架的鳥聲」，牠們一聽就嚇飛了，當然成不了窩。

燕屋失敗的情況，有時是騙局，有時是燕屋設計不良或錄音技術的問題，有時則真的只是燕子不來的運氣問題。不過，即使「專家」無意，受害者仍會覺得自己受騙。多位燕農曾不約而同表示，在大馬養燕成功、持平、失敗的機率各占三分之一。

燕窩產業雖可視作養殖業的一門，但他和一般畜牧業最大的差別，在於燕子不能像雞、豬等動物，在封閉的空間內飼養。依照燕子習性，必須在早上飛出屋外找尋食物來哺育下一代，晚上回屋內休息，而燕屋只是一個環境，燕鳥來去，難以盡如人意。一模一樣的燕屋，在甲地成功、在乙地卻失敗的案例屢見不鮮。因此，養燕不能說是「馴養」，但要說是完全「野生」，似乎也不完全，呈現出一種既野生、又馴養的特質，也因此成功率約略只有三分之一。

✦血燕傳說與血本無歸

萬萬沒想到，就在價格正好、養燕正夯、多少燕農指望跟著中國市場發大財的時候，二〇一一年的「血燕事件」，卻一把冷水澆熄了馬來西亞的養燕熱潮。

傳說中，燕鳥吐巢到沒有力的時候，牠們會忍痛吐血造窩，完成哺育下一代的使命，吐完血就死了。因此，血燕在市場上比一般燕窩更加稀有，使這種呈現紅色的燕窩格外珍貴、滋補，單價也更加地昂貴。

事實上，許多受訪者與報章新聞皆澄清，血燕只是商人捏遭、「發明」出來的傳說故事。血燕之所以呈現紅色，其實反映了燕鳥骯髒的生存環境——鳥糞裡的硝酸菌分解糞便，然後接觸空氣，氣體再往上升接觸燕窩而把燕窩燻成紅色。然而，不肖商人便以此大作文章，炒作成動人的傳說故事，實則使用化學藥劑將燕窩染紅，哄抬「假血燕」價格。換言之，根本就沒有「血」燕這回事。

二〇一一年七月，中國浙江政府對血燕產品進行了清查行動。結果顯示，血燕產品的亞硝酸鹽含量不合格率高達百分之百，因食安的疑慮，中斷中馬之間的燕窩貿易。

血燕事件使九成燕窩都出口中國的馬來西亞，瞬間失去主要市場。燕窩大量滯銷於國內，價格跌入了谷底，只有原本行情的百分之三十，許多燕農大受打擊、血本無歸。阿強說得感慨：「那時很多燕農都很辛苦，產量不多、價錢又沒有、銀行又追債，甚至自殺的也有。」

我在檳城島訪談一位養燕路上不是很順利的燕農小運，他既挖苦又無奈地說：「那時候一堆燕屋專家自己說，建那個燕屋我是最拿手哇，燕子是最多的啊，現在沒有人敢講這句話了，根本沒有成功。」在那段低靡的時日，曾經靠一張嘴招搖撞騙的燕屋顧問與專家，此時也一塊兒銷聲匿跡，只留下少數身懷真功夫、有心堅持的養燕人。

直到二〇一二年九月，馬來西亞與中國訂定《中馬燕窩簽署協議書》，才重新開放兩國的燕窩貿易。然而，這也大幅改變馬國燕窩的產業與貿易結構。以往原料可以直接運往中國，現今則必須在原產地完成加工，經過勞力、資本密度較高的洗淨與包裝等規範程序才能出口。於是，小本燕農除了面對價格大跌之外，還只能將自己收成的原料賣給加工廠，加工廠成為出口中國的寡占正規通路，也就是說，馬來西亞的燕窩貿易，轉由擁有加工廠資本的少數燕商所掌控。原先的熱潮不復存在，燕屋砸錢蓋了、專家請了，燕巢尚未築成，從一場發財夢卻已然驚醒。

打從養燕活動在馬來西亞掀起狂熱開始，就已是一個失去平衡的產業。許多抱著發財夢的新手燕農砸了重金不久後，就面臨燕屋飽和、成功率低、騙局多，以及血燕事件衝擊而虧本的困境。二〇一二年後，雖然回復了燕窩輸往中國的貿易，但嚴峻的標準使得大量燕窩依然滯銷於大馬國內，燕窩價格持續低靡了好一陣子。

再者，馬來西亞的燕窩通路遭官商壟斷，極不利於小本燕農。先前向銀行貸款來投資的新手燕農，一心把養燕當成正業經營，原本的正業則成了副業，如今在血燕事件下首當其衝。小田回憶起當時養燕行內的困境，語重心長說：「那時候是求著人家，都沒有人要買，當時的燕窩是真的沒有人來收購。」血燕是假的，血本無歸才是真的。

✦依然有望的養燕事業

許多燕農都說，馬來西亞養燕業的現況已呈現飽和。以往養燕仰賴「運氣」，而今日燕屋的成功率不僅相當仰賴知識、技術，也強調長期的觀察實作，只要某個環節出錯，最後收成不佳而坐吃山空的燕農大有人在。再者，隨著引燕活動益發頻繁，燕屋密度越高，成功率就會越低。

憶起二〇一七年年初，我第三次前往馬來西亞的時候，當地朋友載我行駛在西馬的高速公路上時，看到路邊只有氣孔的灰色房屋上貼著「燕屋出售」的紅單子，我想屋主應該也是受到血燕事件的衝擊吧。燕窩賣不出去，燕屋專家銷聲匿跡，留著燕屋獨守空巢不如轉賣出去。一如黃粱覺夢，部分燕農也開始回歸原本的行業或選擇轉行。

養燕行業在大馬興起得太急太快，血燕事件使整個產業由高峰直落低谷，但在

8 口水的商機：馬來西亞華人燕窩產業

郭育安

風波過後，燕窩的消費市場與高單價依舊存在，不減華人對其療效與社經地位的追捧。我訪問從低谷挺過來的老田，為何選擇堅持繼續養燕？他說：「這個產業已歷經幾百年，不容易死。等低潮過後價格一定會回升，有華人的地方，就有人吃燕窩。」

現在每當我路經迪化街，在中藥行裡看到「燕窩」，或是市區看到燕窩的美容商品，都會聯想起在競爭的燕窩市場背後，有一群遠在馬來西亞生產地的華人燕農，歷經了印尼排華的歷史偶然、聲音技術的試誤學習，以及血燕事件的打擊，堅持下來的燕農們，仍不斷尋找自身在這個產業界裡奮鬥與掙扎的一連串故事。

9 村上先生，我跟你說，寮國有咖啡

寮國、咖啡與小農

陳思安

二〇一七年年初，村上春樹出了一本行旅書寫集《你說，寮國到底有什麼？》，在知名書店進門最顯眼的位置擺了大概兩週，因為研究的關係，平常不怎麼翻閱這類文學書籍的我，好奇地駐足翻閱了一會兒，不經意地聽到這樣有趣的對話：

A：天啊，村上春樹去寮國喔？

B：去那樣落後的地方可以寫什麼啊？

C：去看吳哥窟吧～……。

一陣笑鬧下，這段對話就這麼結束了，我身為一個被社會認定，應該要知道全世界國家位置的地理人。一瞬間，被這樣不曾出現在同溫層的對話嚇到了。但是，卻也讓我更深刻體會到，台灣大多數人對這個國家的認知有多不足。雖然認真說起

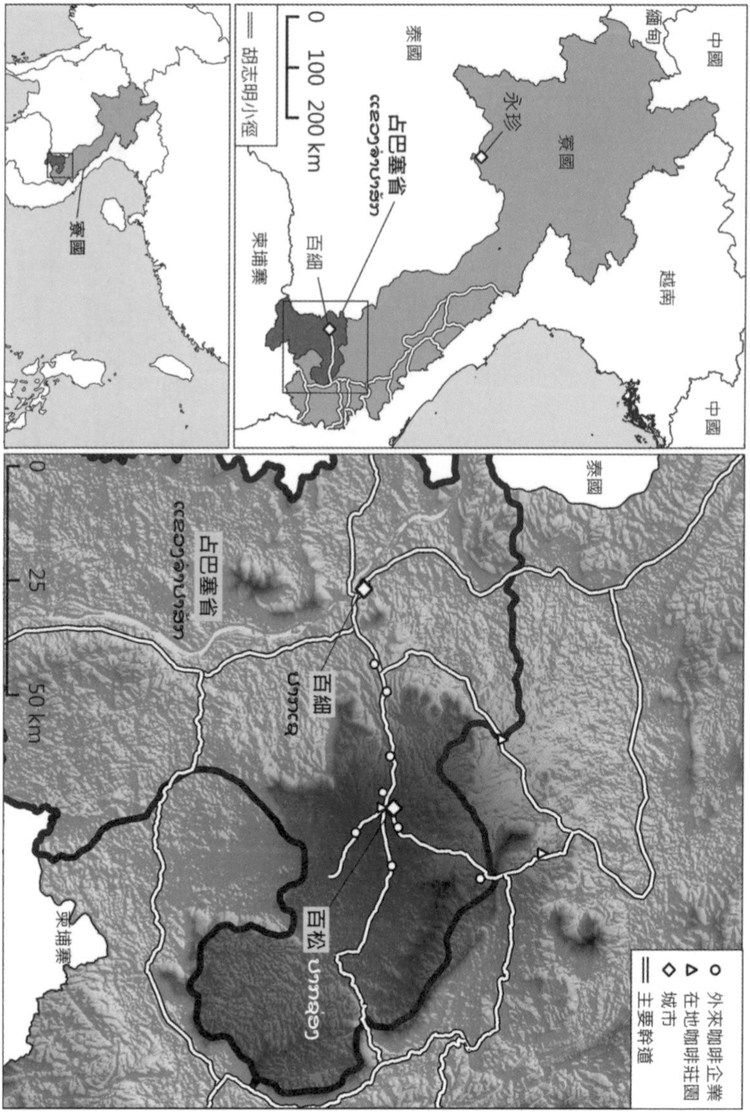
中國
緬甸
泰國
寮國
永珍
越南
中國
占巴塞省
ແຂວງຈຳປາສັກ
百細
柬埔寨
0 100 200 km
胡志明小徑
寮國
泰國
占巴塞省
ແຂວງຈຳປາສັກ
百細
ປາກເຊ
百松
ປາກຊ່ອງ
柬埔寨
0 25 50 km
外來咖啡企業
在地咖啡莊園
城市
主要幹道

來，這怪不得任何人，因為在台灣，就連基本義務教育的地理課，關於東南亞地區的章節裡，對寮國的形容也只有「半島上唯一不靠海的國家。」短短一句形容而已。就連坊間的講義教材，最多也只會補充說明「寮國作為東南亞唯一的內陸國家，其共產制度導致它長期以來處於封閉的狀態，經濟發展也相對落後。」這樣的文字。

因此對於很多人來說，寮國是個很陌生的國度，以致很多人在談論起東南亞時，可能根本忘了這個國家的存在，若是上網搜尋「寮國」的相關資料，更能清楚的感覺到，這個國家在現今的台灣社會中是如何被認識，其實不外乎就是金三角、未爆彈和佛教，對寮國的印象也常停留在落後和貧窮。這些想像似乎都讓寮國成為了一個遠在你我生活之外的故事，但事實上我們與寮國的連結並不止如此。

✦從一杯咖啡說起

第一次喝到寮國咖啡，是二〇一四年的夏天，那早在我踏上寮國前。在當年，台灣的獨立咖啡店，正如雨後春筍般蓬勃發展，每間咖啡店裡都有著令人意想不到的產地咖啡豆，其中，「小小」（人名）的咖啡店又是我最喜歡的一家。他的咖啡店裡總是常備著超過十種以上的單品豆，一走進他的店裡，迎面就可以看到，不怎麼寬廣的吧檯上，並排著一罐又一罐的豆子。

「今天要喝什麼？義式還是手沖？」小小沒抬起頭，一邊熟捻地把咖啡粉填進濾器中，一邊問到。

第一次走進非連鎖型咖啡店的我，一點概念都沒有。安靜的小店裡，只有義式咖啡機運作的聲音，我侷促地看著咖啡罐上的標籤，不知該如何決定。時間感覺過了很久，小小終於送出了上一組客人的咖啡後，轉身看著我。

「第一次來？應該不知道怎麼決定吧。」他溫和的聲音緩解了我的尷尬。

他接著說到，「你不要看這邊，一罐一罐的東西，好像只是咖啡豆而已，每一支豆子因為它生長環境的差異，就算烘焙的方式都一樣，喝起來的味道也不可能相同喔。你可以根據你喜歡的風味來挑。」這番話，成了我認識單品咖啡的第一課。

小小一邊說著，一邊拿起了其中一個罐子「像這支寮國豆，淺焙過後可以喝到很明亮的酸味，但是不是刺激的那種，後韻反而很圓潤，就像寮國給人的那種寧靜的感覺。」

「原來寮國也有產咖啡！」這是我冒出的第一句話，直到現在，小小還是會拿這件事來笑我，而我也還是體會不出小小所形容的那種寧靜的味覺。但是，那杯咖啡的確成為了這整趟旅程的起點。

9 村上先生，我跟你說，寮國有咖啡：寮國、咖啡與小農

陳思安

寮國咖啡之於我雖然陌生，但寮國生產咖啡並非新鮮事。因為地理位置、氣候與地形等自然條件因素的配合，寮國早在二十世紀初法國殖民時期，便開始了咖啡的種植產業，並在殖民政府的扶植下，建立了第一座的咖啡農場，根據資料記載，當時的殖民政府前後共花費了十五年的時間嘗試，直到一九三〇年才終於在寮國南部的波羅芬高原（Bolaven Plateau）上正式種植成功，高原咖啡的產量日益增加，甚至能夠運回法國供應國內需求。

正當咖啡產業逐漸要在高原展開之際，寮國卻因為地理位置，成為了越戰中胡志明小徑（Ho Chih Min Trail）的必經之地，包含高原在內，寮國各處皆因此受到戰爭的波及。根據寮國的未爆彈規範委員會（Lao National Regulatory Authority for UXO）的統計數據顯示，當時的美國為了防堵共黨勢力持續擴張，在寮國投下超過兩百萬噸的炸彈，這個從未正式與世界宣戰的國家，從一九六四年到一九七三年，承受了美軍對其整整九年的轟炸。

此外，美軍為了在戰爭中，能夠更準確地掌握越軍的動向，在整個高原上無差別地噴灑落葉劑，無論是森林還是咖啡園，全都無一倖免，大量的落葉劑也直接導致寮國咖啡產業的沒落。而法國殖民者的撤離，更使得寮國才剛成長茁壯的咖啡生產系統迅速崩解。也因此，對於越戰後的寮國來說，種植咖啡並不是什麼足以維生

的生產工作，僅有少數家庭會小量出售咖啡以貼補家用。

以家戶為單位種植出來的寮國咖啡產量稀少，加工技術又不佳，品質並不穩定。當時的買家主要是越南的咖啡商，他們多半將寮國的咖啡豆作為補充原料，混入市售的研磨咖啡粉中，以越南咖啡的名義出售。直到現在，波羅芬高原上仍有一大部分的個體戶咖啡農，會將初步加工完的生豆，以大量且低價的方式，賣給大型連鎖咖啡業者，「單就風味來說，寮國豆是一隻很不錯的基底豆，味道夠重又沒有怪味，很適合用來和其他豆子混合。」在高原上收購咖啡豆超過十年的一位大哥告訴我。在這樣的產

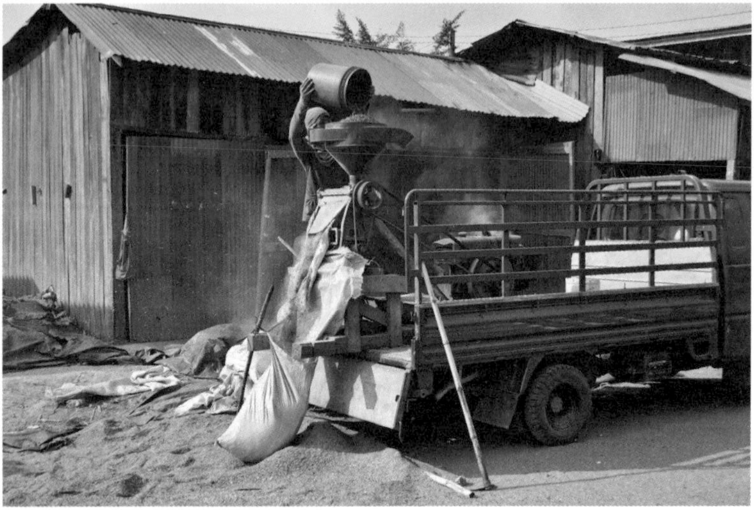

咖啡產季時，高原上常可見到這樣的簡易脫殼機具

銷系統中，寮國究竟是一個什麼樣的地方，其實沒有人在意，業者關心的，只有咖啡本身的風味對於自家產品的影響而已。

然而，隨著二〇〇〇年左右第三波咖啡浪潮的興起，在寮國咖啡的銷售上，也跟隨潮流出現了不小的轉變。第三波咖啡浪潮特別強調產地的重要性，希望藉此對抗商業化的大型咖啡公司及連鎖咖啡館，以企業品牌形象為重的市場模式。從浪潮中主打「FROM SEED TO CUP」的直接購買原則，便是希望可以拉近農民與消費大眾的具體作法。在這樣的號召下，消費者開始重視產品的生產過程，而產地資訊的重要性也因此被凸顯。寮國咖啡的銷售模式，在消費意識的驅使下逐漸轉型。配合寮國當局的開放政策，關於寮國原始、自然的各種形象，也透過咖啡產品的包裝設計，被外資企業帶往全球，當然，也包括台灣。

約莫十五年前，寮國咖啡初次進到台灣市場時，當時一杯寮國咖啡只要三十元，主打「平價也有好咖啡」的超值路線，強調寮國咖啡雖然便宜，但其品質卻是足以賣到巴黎左岸的高級咖啡。然而，這樣的銷售形式卻遲遲無法普及，因為咖啡價格和巴黎形象之間的差距過大，轟動的同時也遭受不少質疑。

直到二〇〇八年前後，隨著產地咖啡的概念在台灣逐漸被重視，寮國咖啡的銷售模式，才開始從低價的平民咖啡形象中脫離，當時更有媒體以「幫助弱勢」、「行善助貧」等標語，宣傳在台販售的寮國咖啡，甚至因此延伸出，「寮國農民因為貧窮，所以在種植咖啡時，以動物排泄物施肥，形成不噴灑農藥和化學肥料的有機種植」等說法。直至今日，寮國刻苦、等待援助和有機的形象，仍然不斷在台灣出現。

✦ 在寮國生產「寮國咖啡」

二〇一六年八月，我第一次踏上了那個被神秘面紗所籠罩的寮國，自從二〇〇七年長榮航空終止了桃園—永珍（寮國首都）的直飛航班後，要前往寮國便成了單程最少要八小時的一趟旅程。現實交通條件的匱乏，多少也成為塑造寮國「神秘感」的原因之一。

為了上高原找種植咖啡的阿沃，前一天我便先到山腳下的城市百細（Pakse）住一晚，從永珍到百細，可以清楚地感覺到，這個遠離首都的寮國第三大城市，更貼近我們外地人所「想像」的寮國。路上幾乎看不到四輪的汽車，就連紅綠燈，整座城市也只有兩個，沿路多是兩層樓左右的木製或是鐵皮搭成的房屋，雙向的水泥大路旁盡是荒裸的磚紅色土壤，更顯示出整個城市待發展的樣貌。

只是，越接近高原公路起點的「零公里」圓環周圍，四周的柏油路範圍逐漸擴大，在街區附近開始看到越來越多的旅社，還一連出現好幾家寫著 Lao Beer 招牌的餐館，甚至連有陽傘架的咖啡館也有六七家之多，裡面滿是正在休息的外國背包客。

後來的幾天裡，我很常到其中一家咖啡廳坐著寫點東西，喝著一杯要價三塊美元，用義式咖啡機沖出來的「寮國」咖啡，有時候身邊傳來的英語對話內容，都會讓我不自覺地忘了自己正在大家口中「神秘」的寮國，訝異之餘更覺得似曾相識，這不正是每個觀光勝地最常見的樣貌嗎？試圖以最大眾化的口味和習慣，迎合著每個到訪的旅客。就連寮國也按照這樣的模式發

寮國第三大都市百細的街景市容

展，在行前所聽到的那些關於「寮國原始自然」的描述，就好像是很久以前的事。

阿沃是高原上小有名氣的咖啡業者，雖然他不是咖啡農出身，卻因為語言的優勢，在大約十年前，加入了一個由美國人來到寮國發起，名為Sweet Water的飲用水普及計畫。這個計畫主要是希望透過傳播咖啡知識給當地的小農，幫助他們認識自己種植的咖啡，進而產出更優質的有機咖啡，以脫離大型咖啡商的低價剝削，並利用賣咖啡的所得，幫助自己的村落建立乾淨的飲用水系統。

作為計畫中主要與農民接洽的角色，阿沃起初也遭遇許多困難，因為長久以來，農民已經習慣使用大量的農藥，有機的轉型對於他們來說，是完全不可能的事情，不只是認知上的落差，最現實的還是產量的驟減，對於少數一開始答應配合的農民來說，就算收購價格提升了，整體的收入卻因為整體產量減少的關係，變得更少。高原的消息傳播得很快，因為有機讓日子變苦的故事一傳出去，就更少人想要加入計畫的行列了。

所以，阿沃和計畫發起人決定來開一間咖啡店，自己來賣咖啡豆，掌握品質的同時，也可以保證農民的收入來源，Jhai Coffee因此誕生。Jahi在寮語裡代表「心」的意思，即這間店所販售的咖啡，都是用心製作的。咖啡店就像是高原上另類的小農合作社，除了幫助農民銷售咖啡之外，咖啡店還會不定期幫合作的小農們上課，課程內容從種植技術到杯測技巧都有，全部都是計劃的發起人從美國找來的講師，目的是希望可以讓小農們了解咖啡的國際趨勢。

除了Sweet Water的計畫，阿沃同時還參與了其他援助計劃的協調工作。近年來，有越來越多的國家與企業，到高原上施行類似的援助計劃，其中包括將咖啡帶入寮國的法國、一直以來和寮國維繫友好關係的日本，甚至是近年來大舉南進的中國。除了投資，各國都紛紛開始關心起以咖啡產業為主的農村、個別農戶，希望藉由外力的幫助，可以改善個體小農的生活水平。正如多數消費者對於寮國「待開發」的想像，大多數的援助計劃也希望可以透過強化「寮國」和「自然」意象的連結，增加寮國咖啡在全球市場的知名度及競爭力。

而阿沃最驕傲的是，在他參與的所有援助計

阿沃和夥伴會定期檢測合作咖農的產品品質

畫中，Sweet Water擁有最少的資金，卻把自然有機做得最完整。「透過Jhai Coffee販售的所有咖啡豆，都是有機咖啡。」那天，在Sweet Water的計畫咖啡試驗園裡，阿沃當著在場所有咖啡農的面，堅定說道。

這樣的保證說明了平台成功輔導了咖啡農的有機轉型，以及建立了平台管理標準。但當我問起阿沃「怎麼證明咖啡是有機的？」他給的答案很有趣「發起人是專家，用喝的就可以知道！」原來，在Jhai Coffee的平台內，「有機」是一種倚賴外國專家背書而形成的保證。

◆製作自然

這樣「有意思」的有機證明管道，揭開了有機之於寮國的特殊關係。「有機」一詞，第一次被官方所紀錄，是出現在二〇〇六年的人民革命黨第八次代表大會上，寮國政府對農業生產提出的五年計畫中，明確指出「有機」將會是提升出口農產品品質的有效途徑。然而，寮國當局對於有機概念和實際種植情況掌握不全，使得寮國本地的認證機構遲遲無法有效運行，許多的有機政策只能如牛步緩慢落實。

正因為寮國政府至今並未對有機農業的生產和貿易訂定明確的規準，所以在宣稱自己的產品是有機咖啡時，是否應該檢附相關的認證或審查標章，端看企業和農民自身的選擇。「如果你只是說說，那不會有人相信的，要賣這樣的價格，那就必須要有證據才可以，寮國這邊沒辦法證明，我們只好想其他辦法，就算很花錢，還是一樣要做啊！」所有外企中，規模數一數二的大廠經理Alex對於有機的理解，充滿著商業考量。對於消費者來說，有機的象徵意義或許很多元，可能包含健康、友善環境，甚至是宗教因素的考量。但是，在這個高原上，有機與價格脫離不了關係。

然而，對於非大型企業的咖啡小農來說，所謂有公信力的有機認證，卻是如此遙不可及。考量到小農種植不一定能夠完全符合國際有機標準，或是國際有機產品驗證程序上的繁瑣、認證經費過高等多種因素，一般的咖啡農多半無法像外企大廠一樣，有能力到國外取得有效的國際有機認證。

對於這些個體戶小農的情況，Alex說：「法國人來這邊經營一個組織，有些小農會選擇加入他們，除了收購之外，他們也發給有機證明。」Alex口中的法國組織，全名Bolaven Plateau Coffee Producers Cooperative，簡稱CPC。在剛來到寮國第一次和台商大哥聊天的時候，就聽過這個組織在寮國咖啡出口上的地位與歷史。作為寮法合作的指標性組織，CPC在整個高原上，可以說是聲名遠播。

只是，這個致力協助寮國咖啡產業發展的組織，對於加入成員的標準及規範上，也有一定的要求。這也就造成了一個很有趣的現象，當組織幫助了那些「可以被幫助的咖啡小農」，成就一個寮法合作佳話的同時，卻更邊緣化了許多無法進入合作關係中的個體農戶。他們同樣在從事咖啡產業，但是，面對著國際連鎖咖啡企業的收購，大多數仍以一公斤（咖啡生豆）一萬三千kip（約台幣五十元），甚至更低的價格，賣出他們種了一年、只能收穫一次的咖啡。為了要突破這些困境，這一年多來，高原上開始出現像是虎克這樣特殊的個體戶小農。

虎克是我在市中心租機車時和老闆打聽到的咖啡農，在高原上從事咖啡種植至少有二十年，這幾年才轉型經營起了自產自銷。

拜訪虎克的那天，天氣晴朗無雲，就算是騎車，也難以抵擋炙熱的陽光與風沙。一

咖啡公路上隨處可見這種邀請參觀咖啡園的立牌

百公里的路程，走走停停花了將近三個半小時，在筆直的柏油路上，完全沒有其他車輛，因為這裡已經遠離了最主要的高原市中心，荒蕪的道路兩側，由不起眼的木牌指標指示前進的方向。

公路上，時不時就可以看到寫著Coffee Farm Tour的牌子，除了虎克，為了讓消費者能夠更認識寮國咖啡，高原上開始出現越來越多的開放式咖啡園。到訪的遊客可以自行參觀咖啡園，有興趣想要進一步了解的旅人，還有另外兩種選擇，一種是在市區的旅遊站購買行程，由導遊開車帶你上高原，進入合作的村落參觀咖啡加工與製程，在產季甚至可以親自體驗採摘咖啡豆；要不，也可以自己騎車上山，花費一人15000-50000 Kip（約台幣六十—兩百元）不等的價格，由農戶長親自帶你逛咖啡園。

村莊的入口旁站著兩名年輕男子，他們在身後的木板上用英文寫著價錢，提醒遊客們若想通行就得付錢，高原上的風景區也多半以這樣的形式賺取觀光財。當那用塑膠紅繩搭起的簡易柵欄緩緩放下後，我沿著起伏而蜿蜒的小路不斷往村莊內部深入。一戶竹製圍牆的人家，外頭停著幾台新穎的半自動擋車，吸引了我的目光。仔細一看，入口側邊搭起的幾塊舊木板上寫著「organic coffee farm」的字樣。顯眼的招牌已使得這戶人家成為村落與旅人的對口。

走進圍牆內，泥土地與木造高腳屋舍，和高原上的多數民房如出一轍，在我坐下的同時，女孩將一張由Ａ４紙列印且護貝的英文菜單遞上，上面載明有條有理的菜單，如同現代餐館，而各品項名稱前卻都加了「Organic」的字樣。這是援助計畫進入高原後的重要象徵。對於有機的宣稱，虎克以理所當然的口氣說道：「只要不用農藥，就是有機了吧，反正我們沒用，那我自己種的東西，當然全都是有機囉！」

虎克招呼我與另外兩位預約了村莊導覽的旅人，示意著我們跟著他走進咖啡園。咖啡樹之間的間隔距離整齊劃一，那是整地之後刻意安排並配合咖啡樹生長條件所栽種的結果。他指著地

虎克咖啡園的一角，咖啡樹與雜草、樹苗的共生

上不自然生長的雜草說，這些雜草都是刻意不灑農藥後，生長太快又來不及除掉所留下的。咖啡園的田間管理若無機械輔助，本應需要大量人力投入，在勞力缺乏的村落中，無暇顧及繁瑣的照護過程，使不灑藥的種植成為宣稱有機的一種方式。

在咖啡園導覽的過程中，我發現許多咖啡樹上都有不自然鬈曲的葉子，虎克指著其中一團已結成球狀的幾片葉子，驕傲地告訴我們說：「這就是我有機的證明，你知道為什麼嗎？」同時，他快速摘下一片在手掌上搓揉後，將葉子捧在我面前，一股刺鼻酸楚味直衝腦門。定眼一看，葉子上滿佈了熱帶火蟻的屍體，虎克一邊解釋：「就是因為沒有灑化學農藥，螞蟻才會出現在這裡，但是只要有牠們，咖啡果通常都長得不太好。」

有機咖啡園中螞蟻們的傑作

語畢，他將一隻螞蟻放入口中，甚至邀請我們一起品嚐。他說螞蟻吃起來酸酸的，像檸檬，然而螞蟻雖然驚人，可更讓我驚訝的，是虎克為了強調有機，那滿是被螞蟻咬傷留下傷痕的手臂。

虎克一派輕鬆地繼續介紹著，並舉起右手，好像光榮的印記一般，「所以大家叫我虎克！」少一個指節的拇指則特別顯眼，卻讓我有些不知所措，他說自己的堂哥更嚴重，因為採收時伸進螞蟻窩裡五分鐘，便沒了兩根手指頭。

儘管如此，面對農藥與有機的選擇，虎克仍然笑著說：「因為有機比較好啊！我現在不賣給大工廠了，直接自己加工自己賣，大家都告訴我說，他們喜歡有機咖啡，這樣我的咖啡就可以賣比較高的價錢。」當有機的宣稱成為一種為咖啡帶來加分的標籤，那些原本就仰賴咖啡作為生計來源的農民，便選擇放棄過去的慣用農藥和農法。

這些大家指的是誰？有機又到底是什麼？努力證明自己而始終與危險共存的小農，在咖啡產量上只有一般農民收成量的一半不到，其目的是為了貼上「有機」標籤以迎合消費市場需求。當全球對於食安問題愈加重視，外來的旅人就更樂意消費想像中最原始天然的寮國咖啡，同時，也在無意間將他們的消費喜好轉化為一種責任規範帶入生產端。現在，寮國當地已有越來越多小農，透過不同的形式和管道，被動且單向地接收了這些來自於外部的田間管理知識。

小農透過有機標籤的加持來換取較高的販售價格，但礙於產量的關係，生活並無明顯改善，卻使得生產風險不斷增加。即便如此，他們仍然相信這樣做才是好的作法，因為「進步」的外來者，對寮國有某種想像，憑藉這種想像可以幫助寮國，將我們普遍認為的「好」帶入在地。但是，這樣的協助和輔導正同時改變了在此生活的農民，使他們在生產的過程中，要不斷在環境、農業甚至是自身安全之間做掙扎。

✦用想像改造寮國

二〇一八年，寮國政府鼓勵外來的投資者和咖啡園的土地所有者合作，由外資企業提供資金、技術和市場，結合寮國當地原有的土地和勞力，希望藉此快速擴張寮國咖啡的國際知名度，同時幫助國內達到經濟發展的目標。而寮國最大的咖啡生產商之一的Dao Huang集團，在同年八月，便與中國昆明的康林食品公司簽署了相關的協議，將寮國咖啡銷往中國。整體來說，寮國的咖啡產業仍然在持續且快速的成長。

然而，就算前途一片光明的寮國咖啡產業，在消費端被形塑成多麼地原始、自然，但是，當地仍然因為過度迅速的發展，導致土地掠奪、原有森林被開發和破壞等行為不斷出現。莫蒂告訴我，高原上出現了越來越多想要種植咖啡的人，但是，還有更多從來不依賴咖啡維生的人，他們的生活卻因為咖啡產業而被迫做出改變。

就在二〇一七年，當寮國政府正在慶賀他們終於開始著手，為波羅芬高原的咖啡申請地理標誌（Geographical Indication，簡稱 GI）時，有一群高原上的居民，正在寮國首都永珍，進行一年一度的抗議遊行。對於這些從沒想過要從事咖啡生產的居民來說，新加坡商人來到寮國建立的子公司 Outspan，打著咖啡援助計畫的名義，在未告知當地人的情形下，向政府承租了他們原本狩獵的林地，並大規模地進行整地，希望可以開闢一座大型咖啡園，這樣的開墾有損當地人原本獲取食物的管道，而這樣的困境與掙扎是不會呈現給咖啡的消費者的。

直到要離開田野的那一刻，乾季的波羅芬高原更顯得繁忙，以中國為首的建設計畫正如火如荼進行著，十六號咖啡公路的拓寬工程，為了講求做工的一致性，全面採取「先破壞、後建設」的準則。整條碎石路不時有貨櫃車駛過，揚塵漫天，只要你在路邊的小餐館，多聊個五分鐘，盤子上便附上了一層厚厚的黃沙，一點也不誇張，其他像是貨車翻覆、爆胎或是車禍，更是天天上演。某天和一位咖啡農聊起，在這樣的環境因為曬咖啡的關係，得坐上一整天，一定很辛苦吧！但是，他卻笑笑的說：「It's development. Good Thing!」短短的一句話，直接了當地展現了當地人對於進步的期待。

寮國，作為一個正在快速發展的國家。身為一名遠觀的旁觀者，我們必須更小心去構築我們的想像與認知。或許在許多宣傳和印象中，那個看似「與世無爭」的寮國正逐漸消失，甚至變得和我們越來越像。

在全球化的發展競爭中，寮國在每項發展中的起步都比別人慢。當人類在世界各地遺留下數不清的破壞與污染後，更希望在那些尚未被破壞的國家的發展歷程中，反省並尋找救贖，而寮國，便是那張令人驚嘆的白紙。為了實現已開發國家對自然的想像與保護，這裡禁止大量消耗能源，而對外的熱門行程更總是脫離不了健行、看瀑布或是騎大象這一類無法出現在都市中的活動。自然和原始，似乎在無形間成為了寮國應有的樣子，但是，我們卻忘了，早在觀光客進入的那一刻開始，寮國就已經開始在改變。

✦回到台灣

二〇一八年十一月，開始著手撰寫這篇文章的同時，許久未見的小小突然私訊我，說他今年也準備要在一年一度的國際咖啡展上設攤，問我有沒有興趣到他的攤位上幫忙。自從接觸寮國咖啡，每年參與展會對我來說，成為了一種開拓人脈的好管道，今年因為小小的關係，終於有機會在展會只開放給廠商的第一天進到會場裡。

趁著人還不算多的早上，我像個好奇寶寶逛起了咖啡展，或許是因為聽過了那些寮國的有機咖啡故事，對於「有機」兩個字更為敏感，整場展會中，除了寮國咖啡之外，還出現了許多以「有機」為號召的特殊產地咖啡，像是東帝汶、辛巴威、盧安達等地區，他們也都不約而同，將有機和自然劃上了等號。這不僅反映了台灣精品咖啡市場的發展與成熟，同時，也體現了有機產品在台灣咖啡消費市場中的地位。

從展會盛大的頒獎典禮上，獲獎的幾座咖啡莊園中，就有不只一家以「有機」作為其重要的宣傳。除此之外，在展場中的台灣地方精品咖啡展區，還可以看到屏東泰武主力宣傳的「有機咖啡產業發展館」的資訊，都在在顯示消費者對於「有機」咖啡的追求。

然而不可否認的是，「有機」在現今台灣的農業產銷關係中，所包含的意義既模糊又多元。它一方面可以是與慣行農法對立的一種農業技術，一方面又象徵著自然、安全，甚至對於農民來說，具有高經濟的價值。但是這些不同的面向之間，是否可以直接被劃上等號，從寮國的故事裡，或許可以找到一些相似之處。

看著「泰武有機咖啡產業發展館」介紹的看板上，詳細說明著有機咖啡後端加工的驗證流程，是如何從脫殼、拋光，經過尺寸和密度篩選的步驟逐一進行。我突然想起了大廠經理Alex那天在莊園裡，望著沒有盡頭的咖啡天際時跟我說的故事。他說一開始，他的團隊也和所有人一樣，天真以為有好的自然環境，就是咖啡種植得以成功的唯一條件，殊不知，天然的火山高原卻還是讓他投入了大量的資金和技術來適應和克服，才成就了現在小部分的有機咖啡生產及認證。其實，不管是個體戶的小農或是大型企業，在面對「有機」生產時，都是經過了一番努力，才得以完成我們所見的「自然」。

頒獎典禮結束後，我被擁擠的人潮推回到了小小的攤位，趁著空檔，我和他分享起了今年得獎的幾座莊園，小小一邊整理著攤位後方的耳掛包庫存，一邊小聲地驚嘆著得獎的陣容。就在我提到某家莊園的名字時，小小好像被什麼東西打到一樣，用一臉八卦的表情對我說：「你知道嗎？我聽說之前這家莊園的莊主，是這樣

Alex引以為傲的咖啡天際

介紹他的有機莊園的……。」小小停頓了三秒，接著說：「莊主說他們家的咖啡是完全有機的，所以，在他的莊園裡，你會看到很多蟋蟀……。」蟋蟀之說和螞蟻之說，有沒有似曾相識？

後記
從「飲食新南向」到「尋找台灣味」
一段研究生和我的人文社會科學科普實踐

洪伯邑

我想談談這本書怎麼誕生的。

✦「飲食新南向」作為起點

二〇一七年十二月，我和位在新北市中和南勢角的「燦爛時光」東南亞主題獨立書店合作，舉辦了「飲食新南向」系列講座（海報，張瑜娟設計）。本書的部分作者皆是該系列講座講者，包括所有關於東南亞的主題，加上一場談屏東原住民咖啡。而來參與系列講座的聽眾中，坐著左岸出版社的編輯林巧玲。在這樣的機緣之下，我於是和巧玲開始發想讓講座內容成為一本書的可能。

而在出書相對漫長的過程中，「飲食新南向」的講者們和我也在講座之後與「獨立評論@天下」合作，在廖雲章主編的邀請下，以主題短篇的方式出版線上網頁專刊。專刊的目的，主要是為了讓講座的內容不只觸及來聽演講的聽眾，而是藉由網路的公共書寫，讓更多的閱眾讀到講者們的精彩故事。專刊也順利在二〇一八年二月農曆新年期間正式上線。

的確，以「飲食新南向」為題的講座和後續的線上專刊是這本書成形的起點。至於嘗試把地理角團隊拉出研究室與獨立書店和媒體合作的初衷是什麼？我想借用並節錄當時自己為「獨立評論@天下」專刊寫下的文字，作為紀錄自己起心動念的緣由：

「新南向」這個詞似乎已經充斥在台灣的報紙、電視新聞、網路媒體等，甚至日常生活中我們都能朗朗上口說道：「新南向？就政府在推的政策啊！」但弔詭的是，當「新南向」這個詞在媒體曝光度越高，以致於大家幾乎都聽過、甚至能在茶餘飯後談上幾句的時候，到底什麼是「新南向」，好像又空洞到不知道怎麼說起，於是很多人乾脆說：沒用啦、亂撒錢而已啦、騙選票的啦……！

在現實生活中，自己身為在大學任教又在東南亞高地研究的地理學家，三不五時也會有親朋好友學生同事們要我說說對「新南向」的意見。坦白說，我和大多數的人一樣看不清也說不清；不過，我喜歡在談話的隙縫間見機把話題轉到自己的研究課題：「茶」！

我告訴他們：泰國北部邊境上的茶是台灣過去的；也告訴他們：越南當地很多茶是台灣人在經營，茶種技術也是台灣的。於是，從「茶」帶起的，是在東南亞實際接觸到的人事物，一手資料成為有血有肉的故事。故事裡，是聽者不曾認識的東南亞面貌，是未曾想過的台灣與東南亞的關係。

除了「茶」之外，我的研究生很多也作飲食相關的研究，也到東南亞跑田野。於是我又想，與其空談空想「新南向」，不如讓學生從飲食研究的一手資料出發，跟社會大眾說說他們看到的東南亞：將眾研究生的學術研究轉成親民的田野故事，試著說給大家聽，從而走出學術殿堂，與社會產生聯繫。

而在這個過程中，我也持續和左岸編輯巧玲規劃出書的計畫。

✦從「飲食新南向」到「尋找台灣味」

「飲食新南向」以東南亞為主軸，即使如此，在這些故事裡，不只是東南亞的面貌，或台灣與東南亞的關係，更是台灣本身在東南亞的樣子。更何況，在原本的系列講座中就包含了一則屏東原住民咖啡的故事。於是，因為無法割捨屏東，也必須將其收到規劃中的書裡，所以與其瞎扯什麼「北回歸線以南就是東南亞」的玩笑話，不如就把原本的「飲食新南向」調整為「尋找台灣味」，重新以台灣的食農議題為主軸，無論是農業技術跨境到東南亞的轉移，或者台灣島內食農體系的發展，都能涵蓋到「尋找台灣味」的書寫裡。

身為地理角角主，我樂見地理角團隊裡幾位從事台灣國內食農議題研究的成員，能藉此將他們紮實豐富的田野素材，寫成「尋找台灣味」的章節故事，增加思索台灣食農課題更多元的面向。也因此，在原本「飲食新南向」的成員之外，書的內容又加進來數篇關於台灣島內案例的章節，讓「尋找台灣味」的作者群確立。作者群整隊後，歷經了三回合的寫稿改稿與彼此閱讀草稿的作者群會議後，終於琢磨出成品。這個過程的背後，其實也是我實現自己對研究與教學的一些想法，尤其是對指導學生研究論文，以及打開他們對研究意義的不同想像和發揮的嘗試。

✦把理論藏在敘事背後的挑戰

二〇一三年拿到博士學位幸運回到台大任教後，在指導學生並和越來越多研究生交流後，我漸漸感受到台灣人文社會科學研究生的種種焦慮。概括地說，首先，學生有一種「吊書袋」理論追風的焦慮，深怕自己的表達或書寫沒能跟上坊間最流行的那個理論詞彙；若真的沒跟上也想著讓自己至少能三不五時談個馬克思、傅柯、布迪厄、拉圖什麼的！學生的這種焦慮，反而讓我在指導論文的時候很焦慮，焦慮他們寫出自以為厲害的空洞文字堆疊。

為了緩解我的焦慮，我必須讓學生先停止理論吊書袋的無謂焦慮。地理角的研究生都是從實際的田野調查現場帶回寫作的素材；而從田野調查得到的第一手資料，可能是尚未被發現、未曾被紀錄的觀點，或是當下相對被忽略的聲音的珍貴紀錄。吊書袋的理論焦慮，使人忘了現有理論是項分析工具，不應該是心中先設定好的框架，然後用這個框架扼殺研究作為「發現的過程」的原初意涵。我看過許多理論辭藻講得天花亂墜，經驗材料卻與看似厲害的理論兜不上的論文；在我心中，這反而是最不厲害的書寫窠臼。

我並不是說理論的訓練不重要！因為帶著理論的訓練，讓許多我們習以為常的人事物不那麼理所當然，成就了研究者的敏感度，進而在實際生活現場與現有理論之間串起對話，展開研究者提出獨特論點，甚至更新理論的潛能。因此，我鼓勵地理角成員將田野調查紀錄作為重心，充分利用田野成果作為發想書寫的起點。

回到書寫這件事，要如何把相對艱澀的理論語彙放到字裡行間，當然也得看閱眾是誰而定。但這裡我想分享一則我自己在博士班唸書和指導教授之間的簡短對話，來思索理論與社會科學研究書寫這件事。我的指導教授覺得，當理論發展出一個個字彙來定義許多事實上極其複雜的現象時，讓人文社會科學家變得懶惰，因為我們開始簡便地使用一些詞彙而不需花力氣解釋那是什麼，經年累月下來，社會大眾漸漸也不知道我們在說什麼，我們又懶得或不知道怎麼開啟對話連結，於是弔詭地漸漸拉開了人文社會科學和社會的距離，讓學術外的人覺得我們是一群關在象牙塔裡的人！

我將這段話一直放在心中，回台灣任教後也開始想著自己可以從地理角這個平台做點什麼，怎麼在理論與書寫、學術訓練與社會聯繫之間有不同的嘗試。也因此有了上述和「燦爛時光」與「獨立評論@天下」的合作，以及本書的出版。從這些嘗試裡，我和地理角團隊成員試著將一個個理論詞彙藏在各自敘事與書寫的背後，試著用非虛構、清晰且精彩的故事呈現「新南向」或「台灣味」的種種，搭起學院內外的連結，也讓聽眾與讀者重新發現原來人文地理作為人文社會科學的討論，其實離大眾的日常關懷並不遙遠。

我不敢說地理角團隊已經做得很好了，但我相信，適時地在書寫中放下理論先行的文字焦慮，研究者紮實的理論思路其實並沒有消失。反而，理論的學術訓練還是會以潛移默化的方式進到書寫者的敘事安排與故事邏輯。當我們採用親民的語言，故事敘述的方式被改變了，卻無損學術研究本身的價值，反而讓學術產出的價值得以衝出「同溫層」的語言界線，強化社會人文科學學術研究與社會之間的對話聯繫。這些都不容易，但在「同溫層」漸次增厚的當下，我認為是重要的事。

✦讓學生當主角，開啟對「研究」產出的重新想像

除了上述的理論焦慮，我發現研究生其實還有一個更深層的焦慮，對人文社會科學研究本身「無用論」的焦慮。從現實的投資報酬率觀點，研究所的訓練已經不

如以往吃香，學位本身已經無法保證更好的工作機會與收入，尤其是包括人文地理在內的人文社會科學。而作為大學任教的老師，我也同時焦慮著有意投入研究的學生越來越少，學術人才的培養變得更艱困，甚至出現斷層。

然而，當時代不斷往前，「變動」本身就是無可擋的趨勢時，或許應該思考的是在學術傳承的焦慮以外，回到以學生為主體的學術養成，和研究生一同開啟不同形式的研究樣貌，從中重新定義研究本身的價值。而《尋找台灣味》的出版也是地理角團隊往這個方向開創的成果。

在地理角，我鼓勵學生走出舒適圈，投入一個與自己生命經歷不同的田野調查過程，無論是國外的移地研究或是國內的調查。過程裡，培養自身和不同身分背景的人群說話與溝通的能力，放開原本生活裡覺得自在熟悉的事物，從中發現與創造自己不曾想過的技能，我想這是讓學生體會研究不只是研究，同時也是豐富自身生命的起點。

而精彩絕倫的田野調查，若只是成就一本論文，拿了學位走人後，論文的價值只等著有人從圖書館找到來當文獻，這樣真的有點可惜。再者，研究本身的任務或許也不只是成就自己的學位，也應該包括知識的累積與傳遞。因此，從「飲食新南向」到《尋找台灣味》的出版，以學生為主角，讓他們作為研究者的身影能被更多聽眾與讀者聽見、看見，發掘除了論文以外的可能性，並扮演知識產出公共化的角色。從面對社會大眾的敘事經驗中，激發學生們參與社會的不同契機。地理角團隊，不只「尋找台灣味」，也尋找研究產出價值的多元定位！

左岸歷史　310

尋找台灣味 東南亞×台灣兩地的農業記事

作　　者　地理角團隊
主　　編　洪伯邑
地圖繪製　楊東霖
封面繪圖　王妤璇
封面設計　泊物設計
總 編 輯　黃秀如
責任編輯　林巧玲
行銷企劃　蔡竣宇

社　　長　郭重興
發行人暨出版總監　曾大福
出　　版　左岸文化／遠足文化事業股份有限公司
發　　行　遠足文化事業股份有限公司
　　　　　231新北市新店區民權路108-2號9樓
電　　話　(02) 2218-1417
傳　　真　(02) 2218-8057
客服專線　0800-221-029
E-Mail　rivegauche2002@gmail.com
左岸臉書　facebook.com/RiveGauchePublishingHouse
法律顧問　華洋法律事務所　蘇文生律師
印　　刷　呈靖彩藝有限公司
初版一刷　2020年5月
初版四刷　2020年12月
定　　價　380元
ISBN　978-986-98656-2-3
歡迎團體訂購，另有優惠，請洽業務部，(02) 2218-1417分機1124、1135

尋找台灣味：東南亞×台灣兩地的農業記事／
地理角團隊著；洪伯邑主編.
－初版.－新北市：左岸文化，遠足文化，2020.05
面；　公分.－(左岸歷史；310)
ISBN 978-986-98656-2-3（平裝）
1.農業 2.臺灣 3.東南亞
430　　109002735